核电厂消防

主　编　张兆国

副主编　赵永定　王凯平　李民政　郭维贺

原子能出版社

图书在版编目(CIP)数据

核电厂消防 / 张兆国主编．—北京：原子能出版社，2010.9

ISBN 978-7-5022-5060-7

Ⅰ.①核… Ⅱ.①张… Ⅲ.①核电厂—消防—技术培调—教材 Ⅳ.①TM623.8

中国版本图书馆 CIP 数据核字(2010)第 188929 号

内容简介

本教材根据中国核工业集团公司的要求而编写，可作为核电厂全体员工及其承包商基本安全授权培训的学习教材。本教材讲解了有关消防法律、法规，燃烧和火灾基础知识，燃烧产物对人体的影响；讲解了核电厂消防的特点，核电厂运行期间防火安全要求和措施，灭火原理及灭火方法，核电厂灭火组织和火灾响应，火场逃生方法和注意事项；介绍了核风险的特殊考虑、对核电厂消防系统和设备的要求、火灾自动报警系统和灭火系统等内容。本教材可以帮助核电厂人员及其承包商了解燃烧和火灾基础知识、核电厂防火安全要求和措施、灭火方法和火场逃生方法，尽可能使他们在今后的工作中运用这些要求和措施，防止火灾发生以及火灾时能履行自己的职责，从而确保自己的安全以及确保电厂安全、可靠、经济地运行。

核电厂消防

出版发行 原子能出版社(北京市海淀区阜成路 43 号 100048)
责任编辑 卫广刚
技术编辑 丁怀兰 王亚翠
责任印制 潘玉玲
印　　刷 保定市中画美凯印刷有限公司
经　　销 全国新华书店
开　　本 787mm×1092mm 1/16
印　　张 11.75 **字　数** 290 千字
版　　次 2010 年 12 月第 1 版 2010 年 12 月第 1 次印刷
书　　号 ISBN 978-7-5022-5060-7 **定　价** **58.00 元**

网址：http://www.aep.com.cn **E-mail：atomep123@126.com**
发行电话：010-68452845

中国核工业集团公司
核电培训教材编审委员会

《核电厂消防》编辑部

主　　编　张兆国

副 主 编　赵永定　王凯平　李民政　郭维贺

编　　著　（按拼音顺序排列）

陈廷伟　郭维贺　韩小勇　李民政　鹿守玺

穆圣楠　王建涛　王凯平　王晓刚　王迎庆

许培业　杨光远　张　虎　张　玮　张兆国

赵　亮　赵永定　周红英　邹益民

总　序

核工业作为国家高科技战略性产业，是国家安全的重要基石、重要的清洁能源供应，以及综合国力和大国地位的重要标志。

1978 年以来，我国核工业第二次创业。中国核工业集团公司走出了一条以我为主发展民族核电的成功道路。在长期的核电设计、建造、运行和管理过程中，积累了丰富的实践和理论经验，在与国际同行合作过程中，实现了技术和管理与国际先进水平相接轨，取得了骄人的业绩。

中国核工业集团公司在三十多年的核电建设中，经历了起步、小批量建设、快速发展三个阶段。我国先后建成了秦山、大亚湾、田湾三大核电基地，实现了我国大陆核电“零”的突破、国产化的重大跨越、核电管理与国际接轨，走出了一条以我为主，发展民族核电的成功之路。在最近几年中，发展尤为迅猛。截至 2008 年底，核电运行机组 11 台，装机容量 907.82 万千瓦，全部稳定运行，态势良好。

进入新世纪，党中央、国务院和中央军委对核工业发展高度重视、极为关怀，对核工业做出了新的战略决策。胡锦涛总书记指出：“无论从促进经济社会发展看，还是从保障国家安全看，我们都必须切实把我国核事业发展好”。发展核电是优化能源结构、保障能源安全、满足经济社会发展需求的重要途径。2007 年 10 月，国务院正式颁布了《核电中长期发展规划(2005—2020 年)》。核电进入了快速、规模化、跨越式发展的新阶段。

在中国核电大发展之际，中国核工业集团公司继续以“核安全是核工业的生命线”的核安全文化理念和“透明、坦诚和开放”的企业管理心态，以推动核电又好又快又安全发展为己任，为加速培养核电发展所需的各类人才，组织核电领域专家，全面系统地对核电设计、工程建造、电站调试、生产准备和生产运营等各阶段的知识进行了梳理，构造了有逻辑性、系统性的核电知识体系，形成了覆盖核电各阶段的核电工程培训系列教材。

这套教材作为培养核电人才的重要工具，是国内目前第一套专业化、体系化、公开出版的核电人才培养系列教材，有助于开展培训工作，提高培训质量、节约培训成本，夯实核电发展基础。它集中了全集团的优势，突出高起点、实用性强，是集团化、专业化运作的又一次实践，是中国核工业 50 余年知识管理的积淀，是中国核工业 10 万人多年总结和实践经验的结晶。

21 世纪是“以人为本”的知识经济时代，拥有足够的优秀人才是企业持续发展的重要基础。中国核工业集团公司愿以这套教材为核电发展开路，为业界理论探讨、实践交流提供参考。

我们要继续以科学发展观为指导，认真贯彻落实党中央、国务院的指示精神，积极推进核电产业发展。特别是要把总结核电建设经验作为一项长期的工作来抓，不断更新和完善人才教育培训体系。

核电培训系列教材可广泛用于核电厂人员培训，也可用于核电管理者的学习工具书，对于有针对性地解决核电厂生产实践和管理问题具有重要的参考价值。

中国核工业集团公司总经理 孙勤

2009 年 9 月 9 日

前　言

为确保核电厂安全、可靠和经济地运行，中国核工业集团公司下属各运行核电厂已制定和执行员工培训（包含继续培训）大纲，使员工接受适当的培训、获得（或继续）授权和获得（或保持）上岗工作资格。这不仅是为了满足核安全法规、国家和行业标准的基本要求，也是营运单位自身生存和发展的需要。

授权是核电厂经理或厂长对其下属具有合格资格、能胜任某一工作的员工签发一种书面证书，允许履行其岗位职责的过程。基本安全授权培训是指对在核电厂工作的每一名员工，包括厂内和厂外的，在其进入厂区之前，对其所进行的安全、组织过程和质量等方面的知识和意识方面的培训，并进行考核，以确保其已经具有基本安全和质量知识和意识。基本安全授权是员工入厂工作所应具备的最基本授权。

中国核工业集团公司组织编写基本安全授权培训系列教材的目的是为了总结下属各运行核电厂基本安全授权培训经验和加强相互之间的沟通交流、提高基本安全授权培训效果，为各核电厂开展基本安全授权培训提供参考。

基本安全授权培训系列由以下教材组成：

——《核电厂安全文化》

——《核电厂质量保证》

——《核电厂应急响应》

——《核电厂辐射防护》

——《核电厂工业安全》

——《核电厂急救》

——《核电厂消防》

——《核电厂保卫》

——《核电厂场地管理》

——《核电厂工作过程管理》

——《核电厂环境保护》

教材的内容以近年来各运行核电厂的基本安全授权培训教材为基础，补充一些国内外核电厂的良好实践经验及新发布的核安全法规和导则的相关要求。

本教材是《核电厂消防》。

火是一把“双刃剑”，火对人类社会既是一种创造性的力量，也是一种破坏性的力量。人们在生产和生活中若对火失去控制或控制不严，就会发生火灾和/或爆炸事故，从而造成对人员、财产和环境的损害。因此，各国仍继续将防止火灾和爆炸技术及其分析方法作为重要课题进行研究。

在核电发展过程中，由于核电厂的特殊性，人们的注意力一直放在防止核事故的发生，即核安全问题。根据各国核电厂发生事件的总结中得出的运行经验，证明了火灾及其影响对安全系统易造成损害。因此，在核电厂的整个寿期内应该对其给予充分的关注。

1986 年 10 月 30 日，国家核安全局颁布了安全导则 HAD 102/11《核电厂防火》，它提供了如何满足 HAF 102《核电厂设计安全规定》关于防火要求的指导。该导则只涉及安全重要物项的防火问题。该导则颁布后，防火技术和火灾分析方法有了很大进步和发展，因此，国家核安全局于 1996 年颁布了该导则的第一次修订版。在 HAD 102/11(1996)中“6 减轻火灾的二次效应”的 6.6 规定：“必须尽量排除防火区内或其邻近场所发生与其火灾有关的爆炸的可能性。但是，如果存在与火灾有关的爆炸时，就必须评估火灾和爆炸的综合影响，并在设计上采取措施以确保满足 2.4.1① 的要求”，即从减轻火灾的二次效应出发，除了要采取措施减轻火灾二次效应外，还要采取措施防止火灾引起的爆炸。

2004 年，国家核安全局颁布了 HAF 102《核动力厂设计安全规定》(2004 年修改)和 HAF 103《核动力厂运行安全规定》(2004 年修改)。这 2 份《规定》分别规定了核动力厂设计和运行防火安全的要求(其中包括要求进行核动力厂火灾危害性分析)。国家核安全局于 2004 年颁布了安全导则 HAD 103/10《核动力厂运行防火安全》，该导则对为实现和维持满意的防火安全所必需的核动力厂的管理和运行要素提出建议，从而提供了如何满足 HAF 103 要求的指导。

2000 年，国际原子能机构(IAEA)颁布了安全标准丛书 No:NS－R－1《核电厂安全:设计》和 No:NS－R－2《核电厂安全:运行》，这 2 份安全要求都提出了有关防火要求(其中要求进行核电厂火灾危害性分析)。IAEA 于 2000 年颁布了 No:NS－G－2.1《核电厂运行防火安全》，该导则对为达到和维持满意的防火安全所必需的核电厂的管理和运行要素提出详细建议，从而提供了如何满足

---

① 2.4.1 的要求是“必须采取措施防止火灾对停堆、排出余热和包容放射性物质所需的安全系统的影响，以便在火灾情况下，这些系统仍能执行其安全功能，其中要考虑 HAF 102 中有关这些功能所要求的单一故障准则的作用。”——编者注

NS－R－2 要求的指导。该导则提出，按现代标准和按早期标准建造的核电厂的运行防火安全都应采取系统的方法。

1979 年，IAEA 颁布了 50－SG－D2《核电厂防火》，1992 年第一次对其修订。IAEA 又于 2004 年颁布了安全标准丛书 No：NS－G－1.7（2004）《核电厂设计中的防止内部火灾和爆炸》，它代替了 IAEA 50－SG－D2《核电厂防火》（1992 年，第 1 次修订版）。NS－G－1.7 对 NS－R－1 所提出的要求进行补充，它包含了核电厂安全重要物项防止内部火灾和爆炸所需要的设计措施。它不涉及防火或核电厂人员安全，或财产安全的常规方面。

NR－G－1.7 在防止核电厂内部火灾方面提出设计要求，还在防止电厂内部爆炸方面提出设计要求，为了防止爆炸，按优先次序采取下列步骤：

（1）防止发生爆炸；

（2）若爆炸气体不能避免，将爆炸的风险降到最低；

（3）执行限制爆炸后果所需要的设计措施。

上述（3）项仅在（1）和（2）项不能达到的特殊情况下才需要。

该导则规定，通过尽量可实行的设计来消除爆炸危害。预防或限制爆炸气体的形成的设计措施给予优先权，并提供对爆炸危害的控制的设计措施。

由此看出，随着防火防爆技术以及火灾和爆炸危害性分析方法的进步和发展，IAEA 已将系统方法用于防止核电厂内部的火灾和爆炸，从另一个角度达到核安全。

1974 年颁布的《核电厂防火国际导则》，是由来自许多国家和地区的核保险公司代表并聘请防火专家及其他有关专家作顾问所组成的一个国际工作小组编制的。该导则反映了各方消防专家特别是核电厂的消防专业人员的经验。该导则首次出版即在国际核电厂消防专业人士中引起了极大兴趣。事实上许多国家把此导则作为制定本国核电厂防火法规及规定的模式。1983 年，编制小组对该导则进行第一次修订，编入了一些失败的经验教训以及保险公司的业务员从火灾现场的技术检查中获得的知识。1983 年以来，编制小组不断从失败中汲取教训，就火灾对核电厂安全的潜在影响进行研究、分析从而改进和增进消防经验。考虑核电厂对新的消防技术和火灾分析知识的需求，1997 年对该导则进行第二次修订。

我国核行业标准 EJ/T 1082—2005《核电厂防火准则》（代替 EJ/T 1082—1998《核电厂防火准则》）采用《核电厂防火国际导则》1997 年版（第二次修订）。

目前，我国还未采用 IAEA NR－G－1.7（2004）《核电厂设计中的防止内部火灾和爆炸》。

各核电厂按消防法律、法规对人员进行消防安全培训的要求，如《中华人民共和国消防法》规定“对职工进行岗前消防安全培训，定期组织消防安全培训和消防演练”以及 HAD 103/10《核动力厂运行防火安全》所规定的：“所有核动力厂人员和临时指派到核动力厂的承包商人员在开始工作以前都应接受核动力厂防火安全方面的培训(包括在火灾事件时他们的职责)”，将消防培训作为基本安全授权培训课程之一，组织并实施对参加本电厂工作的人员进行消防安全培训。

本教材由秦山第三核电有限公司张兆国主持编辑，核动力运行研究所郭维贺在秦山核电有限公司的《消防》(2008)、《秦山 300 MW 核电厂承包商培训教材》(一级)和《秦山 300 MW 核电厂承包商培训教材》(二级)，核电秦山联营有限公司的《消防》(初训，2008 年版)、《秦山第二核电厂消防二级培训教材》(2004 年)、秦山第三核电有限公司《保卫消防复训二级教材》(第 2 版)、江苏核电有限公司的《消防一级培训》(第 2 版)、《消防二级初训》(第 2 版)的基础上进行组稿编写，秦山核电有限公司的王迎庆、王晓刚、赵永定，核电秦山联营有限公司的王凯平、邹益民、许培业、陈廷伟、韩小勇、穆圣楠，秦山第三核电有限公司的张兆国、张玮、鹿守玺、杨光远，江苏核电有限公司的李民政、赵亮、王建涛，核动力运行研究所的周红英、张虎等专家对初稿进行了认真的审阅和修改，原子能出版社的有关同志对本教材也做了仔细的审读。秦山核电有限公司、核电秦山联营有限公司、秦山第三核电有限公司、江苏核电有限公司、核动力运行研究所等单位给予了大力支持，在此向他们致以衷心感谢！

《核电厂消防》教材适用于中国核工业集团公司所属各运行核电厂员工及核电厂现场的承包商人员的基本安全授权培训，经适当增删后，也可作为在建核电厂员工培训的参考教材。

在教材的编制过程中，虽经反复推敲核证，仍难免有不妥甚至错谬之处，诚望广大读者提出宝贵意见，以便再版时加以修正。

张兆国

2010 年 10 月

目　　录

绪　论

第一章　燃烧基本知识

第二章　部分消防安全法律法规简介

第三章　核电厂消防工作方针、目标及管理制度

第四章　防　火

第五章 灭 火

第六章 安全疏散与逃生

第七章 核电厂消防设施简介

绪论

火对人类社会既是一种创造性的力量，也是一种破坏性的力量，人们在生产和生活中若对火失去控制或控制不严，就会形成火灾，造成人员伤亡和财物损失。数据显示，2009 年，全国共发生火灾 12.7 万起，死亡 1 076 人，受伤 580 人，直接财产损失 13.2 亿元（中央电视台新址园区火灾死亡 1 人，受伤 8 人，造成直接经济损失 1.638 3 亿元，未统计入内）。

以下是核电厂有关的火灾事故数据：

美国：1965 年 3 月 2 日至 1985 年 5 月 5 日，共发生核电厂火灾 354 起，相当于一座核电厂每运行 5 年 11 个月，就要发生一次火灾事故。

德国：18 座核电厂运行 182 堆・年，共发生核电厂火灾 59 起，平均每座核电厂每运行 3 年 10 个月，就发生一次火灾事故。

日本：1965 年至 1989 年，共发生重大经济损失的核电厂火灾为 14 起。

法国：1989 年至 1993 年，共发生核电厂火灾 117 起。

1985 年 7 月，中国台湾一台 PWR 900 MW 机组发生氢气爆炸、汽轮机发电机起火，停机一年半。

1989 年 10 月，西班牙一台 PWR 机组发生氢气爆炸、常规岛起火，整台机组报废。

与火（水）力电厂相比，核电厂由于工艺的特点决定了它的防火安全具有以下特点：

（1）核电厂火灾危险性大，因为：

1）核电厂可燃物料的种类多、数量大；使用的化学危险品较多。

2）核电厂的点燃源多。

3）若核反应产生的热量不能适当地被导出，则可能使相应部位达到极高的温度状态，存在特别的火灾危险。

（2）核电厂发生火灾后，核电厂的人工消防是困难和耗时间的，因为：

1）火灾绝不能危及核电厂的核安全功能[①]，否则就有可能将放射性物质释放到周围环境，危害人员的健康和环境。火灾扑救必须在保证核安全的前提下，对于可能影响核安全的系统先隔离，然后灭火。

2）当有可能存在放射性时，它就会妨碍接近火灾区；在消防队可以开始作灭火操作前，至少要检测辐照水平。在辐照水平较高，或具有气载放射性危险时，可能需佩戴呼吸设备和穿防护衣，限制消防人员受辐照的时间，并应划定污染控制区和去污区的位置。

3）接近核电厂某些物项（可达性），如接近反应堆安全壳建筑物内、放射性废物厂房内的物项，存在一定的困难。在进入反应堆安全壳必须通过两道气闸门。

4）核电厂离城镇有相当的距离，在发生火灾时，地区公安消防队难以在起火初期到达现场；核电厂仅有少量操作人员，应急的人工消防力量有限。

---

① 核安全功能是指：ⅰ 控制反应性；ⅱ 排出堆芯热量；ⅲ 包容放射性物质和控制运行排放，以及限制事故释放。——编者注

5）还具有毒性、高电压、高压力危险，包括爆炸的可能性。

（3）核电厂火灾危害性大，因为：

1）核电厂具有特殊的放射性，危害人类健康和环境安全。

2）核电厂火灾造成的经济损失巨大。

（4）灭火组织的特点：

1）核电厂建立了适应于火灾不同严重程度的灭火组织，包括核电厂现场火情目击者（一级干预）、快速行动消防组（二级干预队）、电厂消防队（三级干预队）、厂区外地方消防队（四级干预队）。

2）当火灾导致核电厂进入核事故应急状态时，现场扑救工作由核电厂核事故应急指挥机构统一指挥（火/水力电厂是由火场的地方消防队最高领导指挥）。

根据各国核电厂发生事件的总结中得出的运行经验，证明火灾及其影响对安全系统易造成损害。按现代标准和按早期标准建造的核电厂的运行防火安全都应采取系统的方法。

为此，国际原子能机构（IAEA）在安全标准丛书，如 IAEA NS－R－2（2000）《核动力厂安全：运行》规定："营运单位必须以防火安全分析为基础为确保防火安全作出安排，防火安全分析应定期更新。此类安排必须包括：适用纵深防御原则，核动力厂的修改对消防工作的影响，可燃物和点燃源的控制，防火措施的检查、维护和测试，建立人工消防的能力，以及对动力厂生产人员进行培训"。IAEA NS－G－2.2（2000）《核电厂运行防火安全》、NS－G－2.4（2001）《核电厂运行组织》、NS－G－1.7（2004）《核电厂设计中防止内部火灾和爆炸》中都对核电厂防火安全作出规定。IAEA GS－G－3.5（2009）《核设施的管理体系》规定："组织应建立和执行防火和消防过程以保护人员和物项"。

我国核安全法规如 HAF 102（2004）《核动力厂设计安全规定》要求："设计和布置安全重要构筑物、系统和部件时，除满足其他安全要求外，还必须尽量降低外部或内部事件引发火灾和爆炸的可能性及其后果。必须保持停堆、排出余热、包容放射性物质和监测核动力厂状态的能力。为满足这些要求，必须通过采用多重部件、多样系统、实体分隔和故障安全设计的适当组合，以便实现下述目标：① 防止火灾发生；② 及时探测发生的火灾并迅速灭火，以限制火灾后果；③ 防止未扑灭的火势蔓延，以使其对核动力厂重要功能的影响减至最小。"

HAF 103（2004）《核动力厂运行安全规定》规定："营运单位必须根据定期更新的防火安全分析来作出保证防火安全的安排。此安排必须包括应用纵深防御、评价核动力厂的修改对消防的影响、对可燃物和点燃源的控制、防火手段的检查、维持和试验、建立人工消防能力以及培训核动力厂工作人员"。

HAD 102/11《核电厂防火》及 HAD 103/10《核动力厂运行防火安全》分别就如何实施 HAF 102 及 HAF 103 提出的防火安全要求提供详细的指南。

WANO《绩效目标和准则》和我国 EJ/T 1207—2006《核电厂运行绩效评估准则》已将消防工作列为核电厂运行绩效指标之一。

各核电厂根据相关管理规定的要求，已将系统的方法运用于运行防火安全，系统方法的内容之一是按消防法律法规要求对在核电厂工作的人员（包括临时在核电厂工作的承包商人员）进行防火安全培训。例如《中华人民共和国消防法》规定："对职工进行岗前消防安全培训，定期组织消防安全培训和消防演练"，国防科学技术工业委员会发布的《核电厂消防安全监督管理规定》中规定:“营运单位应当加强对本单位从业人员的消防安全宣传教育与培训工作,定期组织开展消防演习,提高从业人员的消防安全意识”以及 HAD 103/10《核动力厂运行防火安全》规定:“所有核动力厂人员和临时指派到核动力厂的承包商人员在开始工作以前都应接受核动力厂防火安全方面的培训(包括在火灾事件时他们的职责)”,各核电厂根据这些规定将核电厂防火安全方面的培训作为在核电厂工作的人员基本安全授权培训课程之一。

本教材根据核电厂消防工作的特殊性介绍了有关燃烧和火灾的基础知识,有关消防法律、法规和标准,核电厂防火安全管理规定,灭火基础知识和方法,火场逃生和避难;简介了核风险的特殊考虑、对核电厂消防系统和设备的要求、火灾自动报警系统和灭火系统。通过课堂理论培训使学员理解核电厂运行期间的防火安全措施,以便在今后工作中运用这些措施防止火灾的发生奠定基础。

本教材适用于运行核电厂的员工及临时指派到核电厂工作的承包商人员的消防培训。本教材经适当的调整后也适用于在建核电厂员工的培训。

复习思考题

1. 简述核电厂消防的特点。

第一章 燃烧基本知识

1.1 术 语

为了使学员更好地理解防火安全有关知识，本节介绍部分术语。

燃烧 combustion

物质与氧产生的放热反应，通常伴随产生火焰和（或）发光和（或）生烟。（HAD 102/11《核电厂防火》“名词解释”）

可燃物与氧化剂作用发生的放热反应，通常伴有火焰、发光和（或）发烟的现象。（GB 5907—86《消防基本术语》第一部分，1.2）

阴燃 smouldering

物质无可见光的缓慢燃烧，通常产生烟和温度升高的迹象。（GB 5907—86，1.35）

自燃 spontaneous

可燃物质在没有外部火花，火焰等火源的作用下，因受热或自身发热并蓄热所产生的自然燃烧。（GB 5907—86，1.38）

爆炸 explosion

一种急剧的氧化或分解反应；它会导致温度或压力升高或两者同时升高。（HAD 102/11）

防火 fire prevention

防止火灾发生和（或）限制其影响的措施。（GB 5907—86，1.24）

灭火 extinguishment

熄灭或阻止物质燃烧的措施。（GB 5907—86，1.25）

消防 fire protection

包括防火和灭火的措施。（GB 5907—86，1.26）

防火区 fire compartment

为防止火灾在规定的时间内在厂房之间蔓延所构筑的厂房或部分厂房，防火区可由一个或多个房间组成，其周围全部用防火屏障包围起来。（HAD 102/11）

防火小区 fire cell

在防火区内安全重要物项之间设有防火设施（如限制可燃物料的数量、空间分隔、固定灭火系统、防火涂层或其他设施）以隔离火灾的子区，从而使被隔离的系统不会受到显著的损坏。（HAD 102/11）

可燃物料 combustible material

当遇如火或热的特殊条件下能自着火、燃烧、支持燃烧或释放出可燃蒸汽的固态、液态或气态的材料。（HAD 103/10《核动力厂运行防火安全》附录Ⅱ“名词解释”）

非可燃物料 non-combustible material

在使用形态和预计条件下，当经火烧或受热时不会点燃、助燃、燃烧或释放易燃蒸汽的

材料。(HAD 102/11)

助燃物(氧化剂)oxidizer

与可燃物质相结合能导致燃烧的物质。(GB 5907—86,1.29)

防火屏障 fire barrier

用于限制火灾后果的屏障,它包括墙壁、地板、天花板或封堵像门洞、闸门、贯穿件和通风系统等通道的装置,防火屏障用额定耐火极限来表征。(HAD 103/10)

防火阀 fire damper

在规定条件下,为防止火灾通过风管蔓延所设计的自动操作装置。(HAD 103/10)

火灾 fire

在时间或空间上失去控制的燃烧所造成的灾害。(GB 5907—86,1.14)

火灾警报 alarm of fire

由人或自动装置发出的通报火灾发生的警报。(GB 5907—86,3.1.1)

火灾荷载 fire load

计算空间内所有可燃物料(包括墙壁、隔墙、地板和天花板的面层)全部燃烧可能释放出的总热能。(HAD 103/10)

耐火极限 fire resistance

建筑结构构件、部件或构筑物在规定的时间范围内在标准燃烧试验条件下承受所要求荷载、保持完整性和(或)热绝缘和(或)所规定的其他预计功能的能力。(HAD 103/10)

阻燃 fire retardant

物体对某些物料的燃烧起熄灭、减少或显著阻滞作用的性质。(HAD 103/10)

监火员 fire watch

为了探测火灾或确定存在潜在火灾风险的活动和条件而负责对核动力厂活动或区域提供额外的(如在热工作时)或补偿的(如系统损坏时)服务的一个或一个以上的人员。这些人员应在确定存在潜在火灾风险的条件和活动方面以及在使用消防设备和恰当的火警通知程序方面的得到培训。(HAD 103/10)

动火工作 hot work

有可能引起火灾的工作,特别是涉及使用明火、钎焊、焊接、火焰切割、研磨或金刚石砂轮切割等工作。(HAD 103/10)

点燃源 ignition source

用来点燃可燃物料的(外部的)热源。(HAD 103/10)

灭火剂 extinguishing agent

能够有效地破坏燃烧条件,中止燃烧的物质。(GB 5907—86,4.1)

消防设施 fire protection features

指火灾自动报警系统、自动灭火系统、消火栓系统、防烟排烟系统以及应急广播和应急照明、安全疏散设施等。(《中华人民共和国消防法》)

消防产品 fire-fighting product

指专门用于火灾预防、灭火救援和火灾防护、避难、逃生的产品。(《中华人民共和国消防法》)

疏散 evacuation

引导人员向安全区撤离。(GB 5907—86,7.1)

疏散设施 means of evacuation

为疏散路线提供的建筑设施。(GB 5907—86,7.3)

疏散路线 evacuation route

从建筑物内某点到最终安全出口的路线。(GB 5907—86,7.4)

1.2 燃烧基础知识

1.2.1 燃烧的必要条件

燃烧是可燃物与氧化剂作用发生的放热反应,通常伴有火焰、发光和(或)发烟的现象。物质发生燃烧,都有一个由未燃烧状态转向燃烧状态的过程。燃烧过程的发生和发展,必须同时具备3个必要条件,即可燃物料、助燃物(氧化剂)和点燃源(着火源)并且相互作用。此3个条件也称为火的三要素。人们通常用"燃烧三角形"来表示燃烧的3个必要条件,见图1-2-1。只有在3个条件同时具备的情况下可燃物质才能发生燃烧,3个条件无论缺少哪一个,燃烧都不能发生。

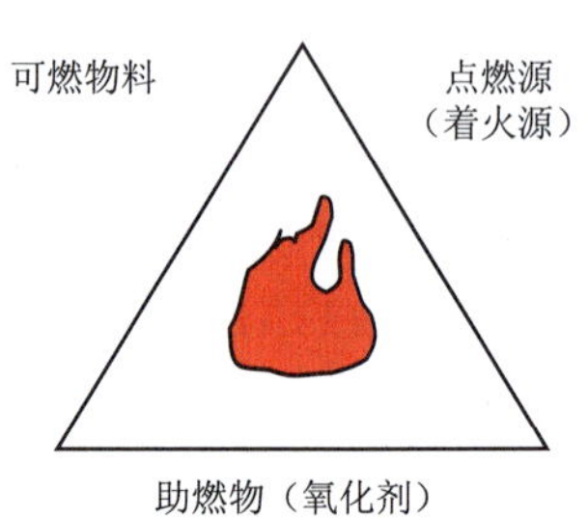

图1-2-1 燃烧三角形

用"燃烧三角形"来表示火焰燃烧的基本条件虽是非常确切的,但是,进一步的研究表明,对有焰燃烧(进行发光的气相燃烧),因过程中存在未受抑制的游离基(自由基)作中间体,因而"燃烧三角形"需增加一个坐标,形成燃烧四面体,见图1-2-2。自由基是一种高度活泼的化学基团,能与其他的自由基和分子起反应,从而使燃烧按链式反应扩展。因此,有焰燃烧的发生需要4个必要条件,即可燃物、助燃物(氧化剂)、点燃源(着火源)和未受抑制的链式反应。

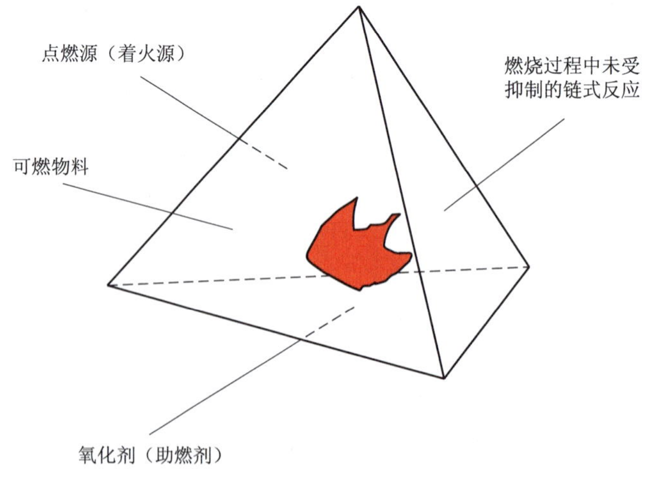

图1-2-2 燃烧四面体

(1) 可燃物料

当遇如火或热的特殊条件下，能自着火、燃烧、支持燃烧或释出可燃蒸汽的固态、液态或气态的材料称为可燃物料。

自然界中的可燃物料种类繁多，按其物理状态，分为气体可燃物、液体可燃物和固体可燃物3种类别。通常气体可燃物料较易燃，其次是液体可燃物料，再次是固体可燃物料。

按可燃物料的组成不同，分为无机可燃物料和有机可燃物料。某些金属单质如钠、钾等，某些非金属单质如磷、硫、碳等都属于无机可燃物料。有机可燃物料大部分都含有一定比例的碳、氢和氧。

从化学的角度上讲，可燃物料都是未达到其最高氧化状态的材料。一种特定的材料能否被进一步氧化，决定于它的化学性质。

(2) 助燃剂(氧化剂)

能帮助和支持可燃物料燃烧的物质，即能与可燃物料发生氧化反应的物质称为助燃剂(氧化剂)。燃烧过程中的氧化剂主要是氧，它包括游离的氧或化合物中的氧。空气中含有大约21%的氧，因此，可燃物料在大气中的燃烧以游离的氧作为氧化剂，这种燃烧是最普遍的。一般可燃物料，在氧浓度低于14%时，燃烧就不能维持，但如有少量的氧持续供给，则仍可持续阴燃。除了氧元素以外，某些物质也可以作为燃烧反应的氧化剂，如浓硝酸、高锰酸钾、氟、氯等。

(3) 点燃源

点燃源(有核电厂称为着火源)是指用来点燃可燃物料的(外部的)热源。明火、高温物体、化学热能、电热能、机械热能、生物能、光能、核能都有可能转化为点燃源。如炉火、烟头等明火是一般火灾的常见点燃源；电气线路过载、短路、开关打火放电、照明灯具等是电气火灾的常见点燃源；焊接、切割、打磨等是工程中的常见点燃源。燃烧反应可以通过用明火点燃处于空气(或氧气)中的可燃物料或通过加热处于空气(或氧气)中的可燃物料来实现。在无外界点燃源时，只有将可燃物料加热到其燃点以上才能使燃烧反应进行。

(4) 链式反应

有焰燃烧都存在着链式反应。当某种可燃物受热时，它不仅会汽化，而且该可燃物的分子会发生热离解作用，即它们在燃烧前会离解成为更简单的分子。此时，这些分子中的一些原子间的共价键会发生断裂，从而生成自由基。由于它是一种高度活泼的化学形态，能与其他的自由基和分子反应，而使燃烧持续下去，这就是燃烧的链式反应，反映了燃烧反应的化学实质。

燃烧的链式反应包括一系列的复杂阶段，以氢在空气中的燃烧为例简要说明。当将点燃源置于氢氧体系时，氢分子被点燃源的能量活化，两个氢原子间的共价键断裂，形成两个非常活泼的氢原子(H·，氢自由基)。氢自由基具有非常高的能量，它们一旦生成，即与氧分子作用生成氧自由基(O·)和羟自由基(OH·)。氧和羟自由基的能量都很高，它们又可以与氢分子作用生成水(H_2O)和新的OH·和H·……

即：

$$H_2 + 能量 \longrightarrow 2H\cdot$$

$$H\cdot + O_2 \longrightarrow O\cdot + OH\cdot$$

$$OH\cdot + H_2 \longrightarrow H_2O + H\cdot$$

$$O\cdot + H_2 \longrightarrow OH\cdot + H\cdot$$

从上述反应式可以看出，反应的每一步都取决于前一步生成的物质，所以这种反应称为链式反应。

1.2.2 燃烧的充分条件

一些情况下,虽具备了燃烧的必要条件,但并不意味着燃烧必然发生,这是因为可燃物料的数量不够,氧气不足或点燃源的热量不大。即是说在各种必要条件中,还有一个“量”的概念,这就是发生燃烧或持续燃烧的充分条件。燃烧的充分条件是:一定的可燃物浓度、一定的氧气含量和一定的点燃源能量。

(1) 一定的可燃物浓度

可燃气体或蒸汽只有达到一定浓度时,才会发生燃烧或爆炸。如甲烷只有在其浓度达到5%时才有可能发生燃烧;而车用汽油在-38 ℃以下,灯用煤油在40 ℃以下,甲醇在7 ℃以下均不能达到燃烧所需的浓度,因此,虽有充足的氧气和明火,仍不能发生燃烧。

(2) 一定的氧气含量

各种不同的可燃物发生燃烧,均有本身固定的最低含氧量要求。低于这一浓度,虽然燃烧的其他必要条件全部具备,燃烧仍然不会发生。如汽油的最低含氧量要求为14.4%,煤油为15%,乙醚为12%。

(3) 一定的点燃源能量

各种不同可燃物发生燃烧,均有本身固定的最小点火能量要求。如在化学计量浓度下,汽油的最小点火能量为0.2 mJ,乙醚(5.1%)为0.19 mJ,甲醇(2.24%)为0.215 mJ。

(4) 未受抑制的链式反应

对于无焰燃烧(物质处于固体状态而没有火焰的燃烧),以上(1) ~(3) 同时存在,相互作用,燃烧即会发生。而对于有焰燃烧,除以上3个条件外,燃烧过程中存在未受抑制的游离基(自由基),形成链式反应,使燃烧能够持续下去,亦是燃烧的充分条件之一。

1.2.3 燃烧的类型及其特点

燃烧可分为闪燃、着火、自燃和爆炸4种类型。每种类型的燃烧都有其各自的特点。

(1) 闪燃和闪点

在一定温度条件下,液态可燃物表面会产生蒸汽,这些可燃气体和蒸汽与空气混合形成混合可燃气体,遇火能产生一闪即灭的燃烧现象称为闪燃。能引起闪燃的最低温度称为闪点。在低于某液体的闪点温度下,就不可能点燃它上面的空气和蒸汽的混合物。闪燃是火灾危险的警告,闪点是衡量可燃液体火灾危险性的重要参数。它也是爆炸温度下限。可燃液体闪点的高低,是标定液体火灾危险物品的主要依据。闪点越低,火灾危险性越大,见表1-2-1。常用几种润滑油的闪点见表1-2-2;常见易燃、可燃液体的闪点见表1-2-3。

表1-2-1 按闪点划分液体的危险性

液体的闪点/℃	分 级	火灾危险性分类
<28	一级易燃液体	甲
≥28至<60	二级易燃液体	乙
≥60	可燃液体	丙

注:火灾危险性分为甲、乙、丙、丁、戊类,甲类危险性最大,乙、丙、丁、戊类危险性依次下降,见GBJ 16—1987《建筑设计规范》(2001年版)。

表 1-2-2　常用几种润滑油的闪点

名　称	代号	闪点/≥℃	用　途
发电机用油 DL/T 1031—2006		（闭口杯）135	用于发电机（一般在定子和定子的铁芯）的冷却和绝缘
汽轮机油 GB/T 7596—2008		（开口杯）180	用于电厂运行中汽轮机（包括水轮机、调相机和燃气轮机）
高速机械油 GB 486－65	HJ－5	110	各种高速低负荷机械轴承的润滑和冷却（循环式或油箱式）；高达 10 000 r/min 以上的精密机械、机床及纺织纱锭的润滑和冷却
	HJ－7	125	
汽轮机油 SYB 1201－60	22 号 32 号	180 180	汽轮机、水轮机、发电机、大中型鼓风机等高速、高负荷设备轴承润滑和冷却；各种小型油膜轴承的润滑和冷却
变压器油 GB 2536－90	10 25 45	（闭口杯）140 （闭口杯）140 （闭口杯）135	适用于 330 kV 以下（含 330 kV）的变压器和有类似要求的电器设备中
变压器油 SYB 1351－62	DB－10 DB－25	135 135	各种变压器的绝缘和冷却。耐电压应在 35 kV/cm 以上
油断路器油 SYB 2352－65	DB－45	135	变压器和油断路器的绝缘和冷却。耐电压应在 35 kV/cm 以上

表 1-2-3　常见易燃、可燃液体的闪点

物质名称	闪　点/℃	物质名称	闪　点/℃
乙醚	－45	丁苯	52
丁酸	77	甲乙醚	－37
甲酸乙酯	－20	乙醛	－17
乙硫醇	<0	甲苯	4
乙酸	39	甲酸	69
甲酸丁酯	17	二甲胺	－6.2
丙烯腈	－5	丙苯	30
戊烯	－17.8	间二甲苯	25
丁二烯	41	苯乙烯	38
环已酮	40	环氧氯丙烷	32
氢氰酸	－17.5	硝基苯	90
间甲酚	36	乙烯醚	－30
苯甲醛	62	三乙胺	4
醋酸甲酯	－13	甲乙酮	－14
丙二醇	98.9	乙苯	15
乙胺	－18	丙烯醛	－17.8
三甘醇	166	甲酸戊酯	22
甲酸正丙酯	－3	丙醛	15

续表

物质名称	闪　点/℃	物质名称	闪　点/℃
丙酮	−10	戊酮	15.5
二乙胺	−26	异丙苯	34
丙烯醇	21	松节油	32
异戊二烯	−42	环氧丙烷	−37
异戊醛	39	苯胺	71
溴苯	65	二乙烯醚	−30
环己烷	6.3	醋酸丁酯	22.2

(2) 着火与燃点

可燃物质在与空气共存条件下，当达到某一温度时与火源接触，即引起燃烧，并在火源移开后仍能继续燃烧，这种持续燃烧的现象叫着火。在规定的试验条件下，应用外部热源使物质表面起火并持续燃烧一定时间所需的最低温度称为燃点。(GB/T 14107—93《消防基本术语 第二部分》，2.1.20)

可燃液体的闪点和燃点的区别：在燃点时燃烧的除蒸气外，还有液体；在闪点时当火源被移开后，闪燃即熄灭，在燃点时，火源虽被移开，但燃烧仍继续。一切可燃液体的燃点都高于闪点。易燃液体的燃点一般比闪点高 1～5 ℃，而且液体的闪点越低，这一差值就越小。例如，对于汽油、丙酮等闪点低于 0 ℃的液体，这一差值仅为 1 ℃。闪点在 100 ℃以上的可燃液体，这一差值则可达 30 ℃以上。燃点对评价可燃固体及闪点较高的可燃液体的火灾危险性具有实际的意义。将可燃物料的温度降至其燃点以下是防火安全的有效措施之一。常见物质的燃点见表 1-2-4。

表 1-2-4　常见物质的燃点

物质名称	燃　点/℃	物质名称	燃　点/℃
汽油(闪点 10 ℃)	16	木材	250～300
灯用煤油	86	松木片	238
润滑油(闪点 285 ℃)	344	松木粉	196
航空润滑油	230～260	仪表用油	127
乙醇(闪点 10 ℃)	69～76	醋酸纤维素	305
豆油	220	粘胶纤维素	235
松节油	53	乙基纤维素	291
石蜡	158～195	尼龙 6	395
蜡烛	190	尼龙 66	415
樟脑	70	绦纶	390
萘	86	腈纶	355
变压器油	147	有机玻璃	260
透平油	180～190	聚乙烯	341
麻	150～200	聚丙烯	270

续表

物质名称	燃 点/℃	物质名称	燃 点/℃
麻绒	150	聚氯乙烯	391
纸张	130～230	聚偏二氯乙烯	532
棉花	210～255	聚苯乙烯	345～360
蚕丝	250～300	聚苯乙烯粒料	296
天然橡胶	129	聚苯乙烯颗粒泡沫板	346
胶布	325	聚乙烯-醋酸乙烯共聚物	320～340
硝化棉(含氧<12.5%)	180	苯乙烯-丙烯酸共聚物	366
赛璐珞板	150～180	苯乙烯-甲基丙烯酸甲酯共聚物	329
赛璐珞粉	130～140	粉醛塑料(玻璃纤维层压板)	520～540
漆布	165	三聚氰胺塑料(玻璃纤维层压板)	475～500
金属钾	70	聚酯塑料(玻璃纤维层压板)	346～399
金属钠	100	硬质聚氨酯泡沫塑料	310
硫	207	赤砾	441
碳黑	180	杨木	447
红磷	160	栗木	460
黄磷	34	美国松	445
三硫化四磷	92	红松	430
松香	216	枞木	437
无烟煤	280～500	白蜡	416

(3) 自燃与自燃点

自燃是可燃物质在没有外部火花,火焰等火源的作用下，因受热或自身发热并蓄热所产生的自然燃烧。(GB 5907—86《消防基本术语 第一部分》,1.38)

物质在没有外部火花或火焰条件下,能自动引起燃烧和继续燃烧的最低温度叫自燃点。自燃点越低,火灾危险性越大。如氢的自燃点为572 ℃、乙醇为392 ℃、纸张为130 ℃、布匹为200 ℃、木材为250～350 ℃、木炭为350～400 ℃。

按使可燃物料温度升高的热源不同,自燃可分为受热自燃和自热自燃。

1) 受热自燃:可燃物料受外部加热,温度升至自燃点而发生的自燃现象称为受热自燃。受热自燃是引起火灾事故的主要原因之一。

2) 自热自燃:材料自行发生温度升高的放热反应称为自热。可燃物料因本身的化学反应、物理或生物作用等所产生的热量,使温度升至自燃点而发生的自燃。可燃物料的自热自燃在常温下甚至在低温下也能发生,能发生自热自燃的可燃物料比其他可燃物料具有更大的火灾危险性。

在空气中能发生氧化放热而导致自燃的物质较多,如浸油脂物质,包括浸有油脂的棉纱、棉布、麻、金属屑。还有些物质能吸附空气中的氧而发生自燃。如活性炭的表面活性大,能吸附空气中多种气体,并放出热量。当吸附了氧气,氧又与碳表面发生氧化反应时,在蓄热条件好的情况下就可能发生自燃。

(4) 爆炸与爆炸极限

爆炸是指由于物质急剧氧化或分解反应产生温度、压力增加或两者同时增加的现象。(GB 5907—86,1.9)

按爆炸能量来源的不同,爆炸可分为物理性爆炸、化学性爆炸和核爆炸 3 种。

由于热作用,液体变为气体或蒸汽,使体积膨胀,压力急剧增高,大大超过容器本身的极限强度,从而发生爆炸,称为物理性爆炸(爆炸前后物质的性质和化学成分没有发生变化)。

物质从一种状态迅速变为另一种状态,并产生大量的热和气体,伴有巨大声响的现象,称为化学爆炸。高速的化学反应、产生大量的气体和热量是化学性爆炸的基本要素。

一些物质的原子核发生裂变反应或聚变反应时释放出巨大能量而发生的爆炸称为核爆炸。前者如原子弹爆炸、后者如氢弹爆炸。

可燃的气体、蒸汽或粉尘与空气混合后,遇火产生爆炸的最高或最低浓度,称为爆炸极限,通常以体积百分数表示。

可燃性气体或蒸汽与空气组成的混合物,只有在一定的比例范围内才能发生火焰的传播,此时的浓度范围即为燃烧浓度范围。

可燃性气体、蒸汽或粉尘与空气组成的混合物,能使火焰传播的最低浓度,称为该气体或蒸汽的爆炸下限,也称燃烧下限。能使火焰传播的最高浓度,称为该气体或蒸汽的爆炸上限,也称燃烧上限。浓度若在下限以下及上限以上的混合物则不会着火或爆炸。因前者可燃物料的浓度不够,空气的浓度大,空气冷却的作用阻止火焰的蔓延,后者因空气不足,火焰不能蔓延。可燃性混合物的爆炸极限范围越大,其爆炸危险性越大。爆炸下限越低,少量可燃物料就会形成爆炸条件(爆炸下限越低,火灾危险性越大,如爆炸下限<10%,火灾危险性为甲级,爆炸下限≥10%,火灾危险性为乙级);爆炸上限越高,空气浓度越低,只要有少量的空气渗入容器就能与容器内可燃物料混合形成爆炸条件。

燃烧与爆炸(化学性爆炸)的不同点在于爆炸是在瞬间完成的化学反应,但从化学反应的能量关系来看,却没有什么区别,爆炸往往间接的引发火灾。

对于可燃气体来说,绝大多数的爆炸下限<10%,一旦设备泄漏,在空气中很容易达到爆炸下限浓度,造成危险,所以在《建筑设计防火规范》中将爆炸下限<10%的气体划分为甲类,少数爆炸下限≥10%的气体划分为乙类。常见可燃气体、可燃液体蒸气在空气中的爆炸极限分别见表 1-2-5、表 1-2-6。

表 1-2-5 常见可燃气体在空气中的爆炸极限

物质名称	化学式	闪点/℃	自燃点/℃	爆炸极限/%
氢	H_2	—	570	4.0~75.0
硫化氢	H_2S	—	260	4.3~45
氨	NH_3	—	780	16.0~27.0
天然气	—	—	550~750	4~16
水煤气	—	—	—	6.2~7.2
发生炉煤气	—	—	700	20.7~73.7
焦煤气	—	—	—	5.6~30.4

表 1-2-6　常见可燃液体蒸气在空气中的爆炸极限

物质名称	化学式	闪点/℃	自燃点/℃	爆炸极限/%
石油醚		−50	246	1.4～6.0
汽油(航空、汽车、溶剂等)		−58～10	415～530	1.0～6.0 (−37～−7)
甲乙醚	C_3H_8O	−37	190	10.0～22.0
氢氰酸	HCN	−17.5	538	5.6～40.0
甲乙酮	C_4H_8O	−14	515	2.0～12.0
丙烯腈	$CH_2=CHCN$	0	480	3.0～17
硝酸乙酯	$C_2H_5NO_3$	10	—	3.0～17
二氯乙烯	$C_2H_2Cl_2$	14	456	9.7～12.8
甲基丙烯酸甲酯	$C_4H_6O_2$	15.5	—	—
醋酸异丁酯	$C_6H_{12}O_2$	18	—	2.4～10.5
丙烯醇	C_3H_6O	2.1	378	3.0
丁酸乙酯	$C_6H_{12}O_2$	25	456	—
三聚乙醛	C_3H_6O	26	541	1.3～3.5
异丁醇	$C_4H_{10}O$	27.8	440	1.9～5.0
溴乙烷	C_2H_5Br	—	511	6.7～11.2
煤油(照明油)		27～45	380～425	1.4～7.5
松节油	$C_{10}H_6$	32	25	0.8～62
柴油	—	60～110	—	
邻-甲苯胺	$\alpha-C_7H_9N$	85	537	
苯乙醇	$C_3H_{10}O$	102	—	
苯乙烯	C_8H_8			1.1～6.1
苯二甲酸二丁酯	$C_{16}H_{22}O_4$	160	403	—
对苯二甲酸二甲酯	$C_6H_4(COOCH_3)_2$	146	—	—
石油沥青	—	200～230	270～300	—
桐油	—	239	—	—
亚麻仁油	—	300		—

1.2.4　常见可燃物料的燃烧特点

可燃物料包括固体可燃物料、液体可燃物料和气体可燃物料，由于可燃物料的物理和化学性质不同，其燃烧特点也不同。

(1) 固体可燃物料的燃烧特点

固体可燃物料的燃烧属分解燃烧。必须经过受热蒸发、热分解过程，使固体上方可燃气体浓度达到燃烧极限，才能保持不断地燃烧。

(2) 液体可燃物料的燃烧特点

液体可燃物料的燃烧属蒸发燃烧。液体燃烧是液体蒸汽进行燃烧，因此其燃烧与否，燃烧速率与液体的蒸汽压、闪点、沸点和蒸发速率等性质有关。当易燃液体、可燃液体的闪点高于储存温度时，其火焰传播速率较低。若可燃气浓度在燃烧极限以外时，不会发生燃烧。

(3) 气体可燃物料的燃烧特点

气体可燃物料的燃烧属扩散燃烧与混合燃烧。燃烧初期，若可燃气浓度在燃烧极限外，先进行高浓度向低浓度的扩散，进入燃烧。当可燃气与空气混合后，达到爆炸极限范围内，则发生爆炸，燃烧速率很高。点燃能量较低(不到 1 mJ)。

(4) 粉尘的燃烧特点

粉尘的燃烧点燃能量较高(几十毫焦以上)，表面点燃困难，粉尘的最大特点是多次爆炸。因初次爆炸将沉积的粉尘扬起，在新的空间形成更多的爆炸混合物，而且再次爆炸，连续爆炸会造成更大的破坏。与可燃气体爆炸相比，爆炸压力上升较缓慢，较高压力持续时间长，释放时间长，释放能量大，破坏力强。

1.3 火灾基础知识

1.3.1 火灾定义及其分类

(1) 火灾定义

火灾是指在时间和空间失去控制的并对财物和人身造成损害的燃烧。

火灾具有突发性(在人们意想不到的时候突然发生)、严重性(易造成人员伤亡、财产损失、甚至污染环境)、复杂性(发生火灾的原因比较复杂，火灾后事故调查分析比较困难)、多变性(火灾发展过程瞬息万变)。

火灾发展分为初起阶段、发展旺盛阶段和衰减熄灭 3 个阶段。

初起阶段：持续时间长短不定，通常为 5～15 min。燃烧区域温度不高且分布不均，有自熄可能，产生大量烟(成分为混合性可燃气及烟微粒)。可进行人员、物质疏散，是控制火灾的最佳时机。

发展旺盛阶段：可燃物料全面燃烧，火场最高温度可达 700～900 ℃，燃烧时间与可燃物料种类、数量有关。扑救已不可能，是火灾蔓延的最关键时期。

衰减熄灭阶段：绝大多数可燃物料烧尽，初期温度较高，以后逐渐衰减降低。建筑围护结构烧毁，已无抢救意义，但仍要防止飞火蔓延和余火复燃。

(2) 火灾分类

火灾分类方法有按人员伤亡数量、财物损失程度分等级以及按燃烧物质特征分类。

在 2007 年 6 月 1 日起施行的《生产安全事故报告和调查处理条例》国务院令(第 493 号)第三条中规定：

“根据生产安全事故(以下简称事故)造成的人员伤亡或者直接经济损失，事故一般分为以下等级：

1) 特别重大事故，是指造成 30 人以上死亡，或者 100 人以上重伤(包括急性工业中毒，下同)，或者 1 亿元以上直接经济损失的事故；

2）重大事故，是指造成10人以上30人以下死亡，或者50人以上100人以下重伤，或者5 000万元以上1亿元以下直接经济损失的事故；

3）较大事故，是指造成3人以上10人以下死亡，或者10人以上50人以下重伤，或者1 000万元以上5 000万元以下直接经济损失的事故；

4）一般事故，是指造成3人以下死亡，或者10人以下重伤，或者1 000万元以下直接经济损失的事故。"

（注："以上"包括本数，"以下"不包括本数。）

为此，《公安部关于调整火灾等级标准的通知》（2007年2月26日 公消字[2007]234号）中将火灾事故进行了重新分级，即：由原来的特大火灾、重大火灾、一般火灾三个等级调整为特别重大火灾、重大火灾、较大火灾和一般火灾四个等级。

所以，根据《生产安全事故报告和调查处理条例》规定的生产安全事故等级标准，火灾事故的等级标准分别为：

• 特别重大火灾是指造成30人以上死亡，或者100人以上重伤，或者1亿元以上直接财产损失的火灾；

• 重大火灾是指造成10人以上30人以下死亡，或者50人以上100人以下重伤，或者5 000万元以上1亿元以下直接财产损失的火灾；

• 较大火灾是指造成3人以上10人以下死亡，或者10人以上50人以下重伤，或者1 000万元以上5 000万元以下直接财产损失的火灾；

• 一般火灾是指造成3人以下死亡，或者10人以下重伤，或者1 000万元以下直接财产损失的火灾。

（注："以上"包括本数，"以下"不包括本数。）

按公通字[1996] 82号《火灾统计管理规定》规定：所有火灾不论损害大小，都列入火灾统计范围。以下情况也列入火灾统计范围：

1）易燃易爆化学物品燃烧爆炸引起的火灾；

2）破坏性试验中引起非实验体的燃烧；

3）机电设备因内部故障导致外部明火燃烧或者由此引起其他物件的燃烧；

4）车辆、船舶、飞机以及其他交通工具的燃烧（飞机因飞行事故而导致本身燃烧的除外），或者由此引起其他物件的燃烧。

GB/T 4968—2008《火灾分类》：根据可燃物的类型和燃烧特性将火灾定义为6个不同的类别。

A类火灾：固体物质火灾。这种物质通常具有有机物性质，一般在燃烧时能产生灼热的余烬。

B类火灾：液体或可熔化的固体物质火灾。

C类火灾：气体火灾。

D类火灾：金属火灾。

E类火灾：带电火灾。物体带电燃烧的火灾。

F类火灾：烹饪器具内的烹饪物（如动植物油脂）火灾。

该标准规定的火灾分类对选用灭火方式，特别是对选用灭火器灭火具有指导作用。

1.3.2 建筑物室内火灾蔓延的途径

火由起火部位向其他区域蔓延是通过可燃物料的直接延烧、热传导、热辐射和热对流等方式扩大蔓延的。大量火灾实例表明，火从起火部位向别处蔓延的途径主要有：

(1) 内墙门、洞门

建筑物内某房间起火，最后蔓延到整个建筑物，原因大多是房间的门或存在的各种洞口，未能阻挡火势。走廊内即使没有任何可燃物，从起火房间门、洞口喷涌出的火焰、高温烟气流，也能蔓延到较远的房间、区域。

(2) 外墙窗口

室内火灾进入猛烈燃烧阶段后，大量高温烟气、火焰喷出窗口，直接通过上面楼层敞开着的窗口或烧坏上面楼层窗玻璃造成火势向上层蔓延；此外还对邻近建筑物、构筑物等构成威胁。

(3) 楼板上的孔洞和各种竖井管道

由于建筑功能的需要，建筑物内往往设有各种竖向管井或开口部位等，楼梯间、电梯井、管道井、电缆井、垃圾井、通风井、排烟井，它们贯穿若干楼层甚至全部楼层，在建筑物发生火灾时，会产生“烟囱效应”，抽拔烟火，造成火势迅速向上部楼层蔓延。试验研究表明，高温烟气向上流动的速度很快，约 3～5 m/s。

(4) 房间隔墙

房间隔墙采用可燃材料制成，或采用不燃，难燃材料制作而耐火性却很差时，在火灾高温作用下被烧坏或失去隔火作用，使火灾蔓延到相邻房间或区域。

(5) 穿越楼板、隔壁的管线和缝隙

室内发生火灾时，室内上半部处于较高压力状态下，该部位穿越楼板、墙壁的管线和缝隙很容易把火焰、高温烟气传播出去，造成火灾蔓延。此外，穿过房间的金属管线在火灾高温作用下，往往会通过热传导方式将热量传到相邻房间或另一区域，使与管线接触的可燃物料起火，造成火势蔓延。

(6) 闷顶

由于烟火是向上升腾的，因此吊顶棚上的人孔、通风口等都是烟火进入的通道。闷顶内往往没有防火分隔墙，空间大，很容易造成火灾水平蔓延，并通过闷顶内的孔洞再向四周、向下面的房间蔓延。

1.3.3 火灾隐患的特征

火灾隐患是指作业现场、设备或设施存在潜在火险的状态，以及人的不安全行为和管理上的缺陷。

根据火灾隐患的含义和消防安全工作的实践，一般认为具有下列特征之一的问题，可以确认为火灾隐患。

(1) 消防安全布局不合理，消防设施、消防装备不足或者不适应实际需要。

(2) 易燃易爆危险物品的储存和使用不符合消防安全要求。

(3) 生产工艺流程不合理。

(4) 火源管理不严。

(5) 电器产品、燃气用具的质量不符合国家或者行业标准要求。

(6) 建筑物的耐火等级、建筑结构与生产工艺或者物品的火灾危险性质不相适应，建筑物的防火间距、防火分区或安全疏散及通风采暖等不符合防火规范要求。

(7) 未按照国家有关规定配置消防设施和器材、设置消防安全标志。

(8) 未经消防安全检查或者经检查不合格，擅自使用或者开业。

(9) 消防安全重点单位未建立健全防火档案。

(10) 未对消防安全重点部位实行严格管理，未实行防火巡查并对职工进行消防安全培训，未制订灭火和应急疏散预案和定期组织消防演练。

1.4　燃烧产物及其对人体的毒害

1.4.1　燃烧产物

由燃烧或热解作用而产生的全部的物质，称为燃烧产物(GB 5907—86《消防基本术语第一部分》，1.6)。产物包含不能再燃烧的产物和还能继续燃烧的产物，通常指燃烧生成的气体、热量、可见烟等。

烟是由燃烧或热解作用所产生的悬浮在大气中可见的，固体和(或)液体微粒(GB 5907—86，1.40)。其粒径一般在 0.01～10 μm。这种含碳物质中大多数物质是在火灾中不完全燃烧所生成的。

燃烧产物的数量、组成等，随可燃物料的化学组成以及温度、空气的供给情况等的变化而不同。

1.4.2　燃烧产物对人体的毒害

火灾时，燃烧产物中的大部分对人体都具有毒性，即对生物体产生有害作用的特性。这些有毒性的产物对人体产生的毒害(在火灾中由于产生毒物而导致对生物体的有害影响)主要是对人体器官的刺激、高温作用，引起人的窒息、中毒。

燃烧产物中的气体，一般有：一氧化碳(CO)、氰化氢(HCN)、二氧化碳(CO_2)、氯化氢(HCl)、二氧化硫(SO_2)、氧化氮系列(NO_x)、丙烯醛等，这些物质都是有害的，其毒性如下：

1) 一氧化碳(CO)——有毒气体，与人体中的血红蛋白结合，生成碳氧血红蛋白阻碍血红蛋白与氧的结合能力，影响血液输氧能力，而使人中毒(人在含有 0.05%CO 的空气中停留 20 min 可致死，吸几口含有 1.3%CO 的空气即失去知觉)，见表 1-4-1。

表 1-4-1　一氧化碳对人的影响

影　响　情　况	CO 浓度/$\times 10^{-6}$	血液中的 COHb%
在其工作 8 h 的允许浓度	50	—
暴露 1 h 不产生明显影响的浓度	400～500	—
1 h 暴露后有明显影响	600～700	—
1 h 暴露后引起不适，但无危险症状的浓度	1 000～1 200	—
暴露 1 h 后有危险	1 500～2 000	35
在 1 h 内即会致死	4 000 及以上	50

2）二氧化碳(CO_2)——窒息性气体(人在含有5％CO_2的空气中停留一小时有危险，10％CO_2的空气中停留几分钟即可致死)。

3）氰化氢(HCN)——剧毒神经性毒气。作用于人的中枢神经系统，引起神志不清，丧失活动能力。ppm级浓度即可使人死亡。

4）氯化氢(HCl)、二氧化硫(SO_2)、氧化氮系列(NO_x)——酸性腐蚀性气体，对呼吸系统造成腐蚀。其中，一氧化二氮(N_2O俗称笑气)，作用于神经系统。

此外，烟雾还会影响人们的视力。

一些主要有害气体的来源、生理作用及致死浓度见表1-4-2。

表1-4-2　一些主要有害气体的来源、生理作用及致死浓度

有害气体名称	热分解气体的来源	主要的生理作用	短期(10 min)估计致死浓度/$\times10^{-6}$
氰化氢(HCN)	木材、纺织品、聚丙烯腈尼龙、聚氨脂以及纸张等物质燃烧时分解出不等量HCN，本身可燃，难以准确分析	一种迅速致死、窒息性的毒物；在涉及装潢和织物的新近火灾中怀疑有此毒物，但尚无确切的数据	350
二氧化氮(NO_2)和其他氮的氧化物	纺织物燃烧时产生少量的、硝化纤维素和赛璐珞(由硝化纤维素和樟脑制得，现在用量减少)产生大量的氮氧化物	肺的强刺激剂，能引起即刻死亡以及滞后性伤害	＞200
氨气(NH_3)	由木材、丝织品、尼龙以及三聚氰胺的燃烧产生；在一般的建筑中氨气的浓度通常不高；无机物燃烧产物	刺激性、难以忍受的气味，对眼、鼻有强烈的刺激作用	＞1 000
氯化氢(HCl)	PVC电绝缘材料、其他含氯高分子材料及阻燃处理物	呼吸道刺激剂，吸附于微粒上的HCl的潜在危险性较之等量的HCl气体要大	＞500，气体或微粒存在时
其他含卤酸气体	氟化树脂类或薄膜类以及某些含溴阻燃材料	呼吸刺激剂	HF≈400 COF_2≈100 HBr＞500
二氧化硫(SO_2)	自含硫化物，这类含硫物质在火灾条件下的氧化物	一种强刺激剂，在远低于致死浓度下即难以忍受	＞500
异氰酸酯类	由异氰酸脲的聚合物，在实验室小规模试验中已报道有像甲苯－2，4－二异氰酸酯(TDI)类的分解产物，在实际火灾中的情况尚无定论	呼吸道刺激剂是异氰酸酯为基础的聚氨酯燃烧烟雾中的主要刺激剂	100(TDI)
丙醛	由聚烯烃和纤维素在低温热解(400 ℃)而得，在实际火灾中的重要性尚无定论	潜在的呼吸刺激剂	30～100

复习思考题

1. 简述燃烧的必要条件和充分条件。
2. 简述燃烧类型及其特点。
3. 简述闪点和燃点的区别。
4. 火灾分级和分类方法有哪两种?
5. 两种分类(级)方法各自将火灾分为几个等级或几个类别?
6. 简述火灾隐患的特征。

第二章 部分消防安全法律法规简介

2.1 《中华人民共和国消防法》简介

《中华人民共和国消防法》已由中华人民共和国第九届全国人民代表大会常务委员会第二次会议于1998年4月29日通过，2008年10月28日第十一届全国人民代表大会常务委员会第五次会议修订。自2009年5月1日起施行。

1998年4月29日由第九届全国人大常委会第二次会议审议通过的《中华人民共和国消防法》，自1998年9月1日施行以来，对预防和减少火灾危害，保护人身、财产安全，维护公共安全发挥了重要作用。近年来，随着我国经济社会的发展和政府职能的转变，消防工作面临着一些新情况和新问题，该消防法的一些规定已经难以适应新时期消防工作的需要，主要表现在：一是，消防安全管理的有关制度不够完善，缺乏在市场经济条件下防范火灾风险的有效机制；二是，消防工作责任制不够完善，消防责任主体的消防责任不明确；三是，消防执法监督机制不健全，致使监督不到位。

2008年10月28日第十一届全国人民代表大会常务委员会第五次会议修订的《中华人民共和国消防法》主要在消防安全管理制度、消防安全责任以及消防执法监督等方面对原消防法进行了修改完善：

（1）关于消防安全管理制度：改革建设工程消防设计审核制度；明确了建设工程消防验收的重点；进一步加强对消防产品的管理。

（2）关于消防责任主体的消防责任：进一步明确了地方人民政府在火灾预防、灭火救援等方面的职责；进一步明确了政府有关部门、团体在消防安全教育、消防安全检查等方面的职责；赋予公安派出所消防管理职责；进一步强化了社会组织在保障消防安全方面的具体义务。

（3）关于消防执法监督：加大了公安机关消防机构对火灾隐患的查处力度；强化了对公安机关消防机构依法履行职责的监督。

《中华人民共和国消防法》由总则、火灾预防、消防组织、灭火救援、监督检查、法律责任及附则共7章74条组成。

制定本法的目的是为了预防火灾和减少火灾危害，加强应急救援工作，保护人身、财产安全，维护公共安全。

消防工作贯彻预防为主、防消结合的方针，按照政府统一领导、部门依法监管、单位全面负责、公民积极参与的原则，实行消防安全责任制，建立健全社会化的消防工作网络。

核电厂的消防工作，由其主管单位监督管理。

任何单位和个人都有维护消防安全、保护消防设施、预防火灾、报告火警的义务。任何单位和成年人都有参加有组织的灭火工作的义务。

机关、团体、企业、事业等单位应当履行下列消防安全职责：

(1) 落实消防安全责任制，制定本单位的消防安全制度、消防安全操作规程，制定灭火和应急疏散预案；

(2) 按照国家标准、行业标准配置消防设施、器材，设置消防安全标志，并定期组织检验、维修，确保完好有效；

(3) 对建筑消防设施每年至少进行一次全面检测，确保完好有效，检测记录应当完整准确，存档备查；

(4) 保障疏散通道、安全出口、消防车通道畅通，保证防火防烟分区、防火间距符合消防技术标准；

(5) 组织防火检查，及时消除火灾隐患；

(6) 组织进行有针对性的消防演练；

(7) 法律、法规规定的其他消防安全职责。

单位的主要负责人是本单位的消防安全责任人。

消防安全重点单位除应当履行本法第十六条(上述机关、团体、企业、事业等单位应当履行下列消防安全职责)规定的职责外，还应当履行下列消防安全职责：

(1) 确定消防安全管理人，组织实施本单位的消防安全管理工作；

(2) 建立消防档案，确定消防安全重点部位，设置防火标志，实行严格管理；

(3) 实行每日防火巡查，并建立巡查记录；

(4) 对职工进行岗前消防安全培训，定期组织消防安全培训和消防演练。

单位违反本法规定，有下列行为之一的，责令改正，处五千元以上五万元以下罚款：

(1) 消防设施、器材或者消防安全标志的配置、设置不符合国家标准、行业标准，或者未保持完好有效的；

(2) 损坏、挪用或者擅自拆除、停用消防设施、器材的；

(3) 占用、堵塞、封闭疏散通道、安全出口或者有其他妨碍安全疏散行为的；

(4) 埋压、圈占、遮挡消火栓或者占用防火间距的；

(5) 占用、堵塞、封闭消防车通道，妨碍消防车通行的；

(6) 人员密集场所在门窗上设置影响逃生和灭火救援的障碍物的；

(7) 对火灾隐患经公安机关消防机构通知后不及时采取措施消除的。

个人有前款第2项、第3项、第4项、第5项行为之一的，处警告或者五百元以下罚款。

有下列行为之一的，依照《中华人民共和国治安管理处罚法》的规定处罚：

(1) 违反有关消防技术标准和管理规定生产、储存、运输、销售、使用、销毁易燃易爆危险品的；

(2) 非法携带易燃易爆危险品进入公共场所或者乘坐公共交通工具的；

(3) 谎报火警的；

(4) 阻碍消防车、消防艇执行任务的；

(5) 阻碍公安机关消防机构的工作人员依法执行职务的。

违反本法规定，有下列行为之一的，处警告或者五百元以下罚款；情节严重的，处五日以下拘留：

(1) 违反消防安全规定进入生产、储存易燃易爆危险品场所的；

(2) 违反规定使用明火作业或者在具有火灾、爆炸危险的场所吸烟、使用明火的。

2.2 HAF 102《核动力厂设计安全规定》简介

HAF 102(2004)《核动力厂设计安全规定》由引言、安全目标和纵深防御概念、安全管理要求、主要技术要求、核动力厂设计要求、核动力厂系统设计要求、两个附件、一个附录和名词解释组成。

HAF 102(2004) 对火灾和爆炸的防止作出如下规定：

设计和布置安全重要构筑物、系统和部件时，除满足其他安全要求外，还必须尽量降低外部或内部事件引发火灾和爆炸的可能性及其后果。必须保持停堆、排出余热、包容放射性物质和监测核动力厂状态的能力。为满足这些要求，必须通过采用多重部件、多样系统、实体分隔和故障安全设计的适当组合，以便实现下述目标：

(1) 防止火灾发生；

(2) 及时探测发生的火灾并迅速灭火，以限制火灾后果；

(3) 防止未扑灭的火势蔓延，以使其对核动力厂重要功能的影响减至最小。

必须进行核动力厂火灾危害性分析，以确定所需的防火屏障耐火能力，并且提供必要能力的火灾探测系统和灭火系统。

必要时，灭火系统必须能自动启动，系统的设计和布置必须保证在其出现破裂、误动作或意外操作时不至于显著损害安全重要构筑物、系统和部件的功能，并不会同时影响多重安全组合而使为满足单一故障准则所采取的措施变得无效。

在整个核动力厂中，尤其是在诸如安全壳和控制室等场所中，只要可行，必须采用不可燃的或阻燃的和耐热的材料。

2.3 HAF 103《核动力厂运行安全规定》简介

HAF 103(2004)《核动力厂运行安全规定》由引言，核动力厂营运单位，人员的资格和培训，核动力厂调试，核动力厂运行，安全重要构筑物、系统和部件的维修、试验、监督和检查，核动力厂修改，辐射防护和放射性废物管理，记录和报告，定期安全审查，退役以及名词解释组成。

HAF 103(2004) 对防火安全作出如下规定：

营运单位必须根据定期更新的防火安全分析来作出保证防火安全的安排。此安排必须包括应用纵深防御、评价核动力厂的修改对消防的影响、对可燃物和点燃源的控制、防火手段的检查、维持和试验、建立人工消防能力以及培训核动力厂工作人员。

2.4 HAD 103/10《核动力厂运行防火安全》简介

HAD 103/10(2004)《核动力厂运行防火安全》由引言，纵深防御原则的应用，组织机构和职责，火灾危害性分析的定期更新，核动力厂修改对防火安全的影响，可燃物料和点燃源的管理，消防措施的检查、维修和试验，人工消防能力，核动力厂人员的培训，有关防火安全问题的质量保证和两个附录组成。

HAD 103/10(2004) 为实现和维持满意的防火安全所必需的核动力厂的管理和运行要素提出建议,从而提供了如何满足 HAF 103(2004) 要求的指导。

导则对核电厂管理者、运行人员、安全评价人员和安全监管人员提供了核电厂整个寿期内为保证维持足够的防火安全水平采取合适措施的指导。

导则规定了在核电厂防火安全方案中应考虑的各种要素。这些要素为:纵深防御原则的应用,个人职责明确的组织机构,消防大纲(包括控制可燃物料和点燃源的管理程序),火灾危害性分析的更新,核动力厂修改的管理,所有已安装的防火设施(非能动和能动的)的定期检查、维修和试验,质量保证大纲,核动力厂人员的培训和人工消防能力。

2.5 HAD 102/11《核电厂防火》简介

国家核安全局于 1986 年 10 月 30 日发布实施的 HAD 102/11《核电厂防火》,于 1996 年修订,1996 年 5 月 13 日起实施。HAD 102/11(1996) 由引言、总的防火要求、防火设计方法、火灾预防、火灾探测和灭火、减轻火灾的二次效应、质量保证、人工消防的组织问题以及名词解释、两份附件和九份附录组成。

导则旨在向设计人员、安全审查人员、管理者提出在核电厂设计中的防火概念,并推荐实施这些概念的一些具体做法。

关于火灾预防规定了一些措施:设计对可燃物料的控制、防雷、建造期间的火灾预防、运行期间可燃物料和点燃源的管理、多堆核电厂以及退役期间的火灾预防。

导则规定:在多堆电厂的建造和运行过程中,必须采取措施以确保正在建造或运行的反应堆的火灾不会对邻近正在运行的另一反应堆有重大影响。必须考虑各反应堆之间共用设施的火灾问题。推荐的办法是,如果各建筑物包含有安全重要物项,则要将相邻机组的厂房完全隔离开。

2.6 IAEA NS - G - 1.7 - 2004《核电厂设计中的防止内部火灾和爆炸》简介

国际原子能机构(IAEA)于 2004 年颁布了安全导则 IAEA No:NS - G - 1.7(2004)《核电厂设计中的防止内部火灾和爆炸》。该导则包含了引言、总的概念、建筑物设计方法、防火的设计措施、火灾探测和灭火的规定、减轻火灾的二次效应、安全等级和质量保证以及七份附录。

该导则代替了安全丛书:IAEA 50 - SG - D2《核电厂防火》(1992 年,第 1 次修订版)。导则的目的是为对监管机构、核电厂设计者和执照持有人提供有关防止核电厂内部火灾和爆炸的建议和指南。它包含了核电厂安全重要物项防止内部火灾和爆炸所需要的设计特点。它不涉及防火、或核电厂人员安全,或财产安全的常规方面。

复习思考题

1. 制定《中华人民共和国消防法》的目的是什么？
2. 我国消防工作方针和原则是什么？
3. 消防安全重点单位应当履行的消防安全职责是什么？
4. HAF 102 关于防止火灾和爆炸规定的目的是什么？

第三章　核电厂消防工作方针、目标及管理制度

3.1　核电厂消防的工作方针和原则

国防科学技术工业委员会发布的《核电厂消防安全监督管理规定》规定："核电厂消防安全工作，必须贯彻预防为主、防消结合的方针，遵循纵深防御、严格监管的原则，实行消防安全责任制。"

核设施设计要贯彻纵深防御原则。纵深防御的概念是提供一系列的多层次防御，并应扩展到所有的安全活动中(包括组织机构、行为或有关设备)。这些多层次防护的目的是消除人因失误或核电厂故障的影响，并应包括辐射防护及事故的预防和缓解。防火安全应考虑纵深防御，火灾有可能引起共因故障，应提供预防火灾和减轻火灾后果的措施。

为了充分保证运行核电厂的防火安全，应在核电厂寿期内保持足够的纵深防御水平。为此应达到 HAD 102/11《核电厂防火》中确定的 3 个主要目标：

(1) 防止发生火灾；

(2) 快速探测并扑灭确已发生的火灾，从而限制火灾的损害；

(3) 防止尚未扑灭的火灾蔓延，从而将火灾对核电厂安全重要功能的影响降至最低。

采用上述方法应保证：

(1) 火灾发生的概率降至合理可行尽量低；

(2) 考虑 HAF 102《核动力厂设计安全规定》中所要求的单一故障准则，安全系统应得到充分地保护，以保证单一火灾的后果不会妨碍安全系统执行其需要的功能。

在防火安全方面，纵深防御的原则可以通过下面的环形图和矩形图来说明。

(1) 主要目标环形图(见图 3-1-1)

1) 防止发生火灾；

2) 快速探测并扑灭已发生的火灾，从而限制火灾的损害；

3) 防止尚未扑灭的火灾蔓延，从而将火灾对核安全功能的影响降至最低。

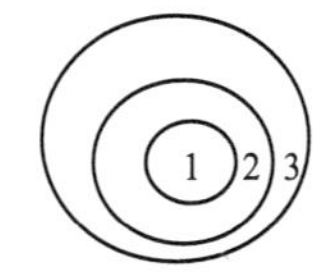

图 3-1-1　纵深防御主要目标环形图

第一道屏障要求在电厂的设计和运行中将发生火灾的概率降至最低。第二道屏障功能的实现涉及采用自动和(或)手动消防技术的组合达到火灾的早期探测和扑灭，因而它取决于能动防火技术。为实现第三道屏障的功能，必须特别强调使用非能动的防火屏障和实体分隔，包括在不能实现第一个和第二个目标时作为最后一道防线的特殊分隔和防火隔断。

(2) 目标分解功能环形图(见图 3-1-2，以上述第 2 个目标"快速探测并扑灭已发生的火灾，从而限制火灾的损害"为例)

1) 探测系统可用；

2）操纵员正确接警；

3）固定灭火系统和现场人员灭火；

4）运行人员灭火及机组状态控制；

5）厂内专职消防队灭火；

6）外部消防队增援。

(3) 管理矩形图(见图 3-1-3)

1）执行层遵守程序和规定；

2）各级行政领导的管理与监督；

3）厂内消防监督；

4）外部机构的评审。

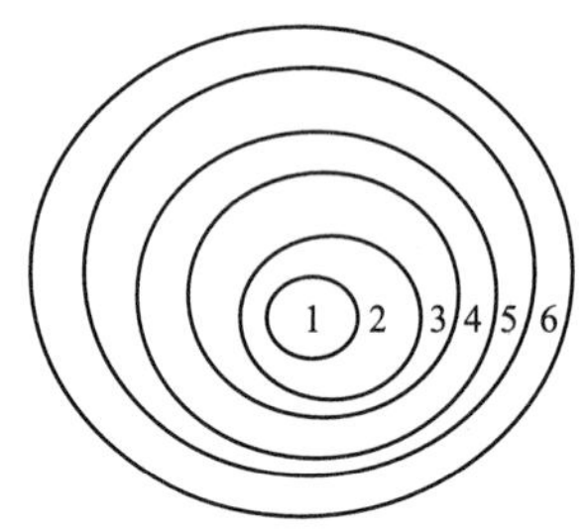

图 3-1-2 目标分解功能环形图

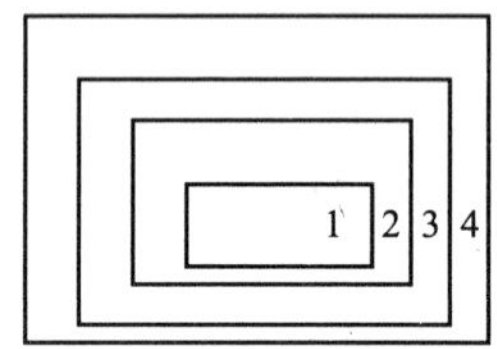

图 3-1-3 纵深防御管理矩形图

纵深防御的原则在核电厂消防中是普遍适用的。大到全厂的消防管理，小到具体的作业和运行操作的防火，都应深入分析实际的火灾危险性，在管理和技术方面采取一切必要措施，切实消除各种火灾隐患。

3.2 核电厂消防的目标和内容

3.2.1 核电厂消防的基本目标

核电厂消防的基本目标有 3 个方面，即确保人身安全、维持核安全功能的完整性和减少火灾造成的经济损失。

(1) 确保人身安全，即在火灾时能保证人身安全，包括运行人员的安全、非运行人员的撤离、火灾干预人员的安全。

(2) 核安全重要的各种构筑物，系统及设备的设计和构筑，应使其处于防火系统保护之下，目的是将发生火灾和爆炸的概率以及对核安全的影响降至最低。核防火的安全目标是：

1）防止发生可能影响核安全相关区域及设备的火灾；

2）确保在火灾期间或火灾后安全停堆并且将余热排放出去；

3）将任何形式的火灾引起的辐射及污染后果减至最小。

(3) 尽可能减少火灾造成的经济损失，即从经济角度出发，对核电厂的设备设施，特别是与运行相关的重要设备设施提供足够的消防保护，以保证电厂的经济效益。

3.2.2 核电厂消防工作的主要内容

核电厂消防工作方针和纵深防御、严格监管的原则要求充分发挥管理和技术两个方面的功能。管理方面按法规及标准的规定，制定和严格执行消防管理制度和岗位安全责任制度；技术方面采取一切必要的措施，按照国家标准、行业标准配置消防设施、器材，设置消防安全标志，消除火险隐患、控制火势蔓延。核电厂消防的主要内容包括防火、探测与报警、灭火 3 个方面。

(1) 防火：采取预防措施尽量减少火灾的发生，限制火灾的蔓延。

(2) 探测与报警：在火灾发生后能够及早发现、定位并发出警报。

(3) 灭火：对不同程度的火灾，提供适当的灭火手段。

3.3 核电厂消防管理制度

3.3.1 核电厂防火大纲

为分别达到和履行 HAD 103/06《核动力厂营运单位的组织和安全运行管理》第 3 章“职能和责任”所列的目标和责任，并对有关活动行使有效的管理，营运单位应制定合适的书面管理大纲。防火大纲[①]是其中之一。

HAD 103/06 对防火大纲规定如下：“营运单位应在定期更新的火灾危害性分析的基础上作出保证防火安全的安排。这种安排应包括：应用纵深防御原则；评价核动力厂修改对消防的影响；管理易燃物和点燃源；防火设施的检查、维修和试验；建立人工消防能力及培训核动力厂人员。”

防火大纲应具有下述基本目标：

(1) 防止发生火灾；

(2) 迅速确定已发生火灾的位置，控制火情并扑灭火灾；

(3) 对核电厂安全重要的构筑物，系统和部件提供足够的保护，即使发生重大火灾时仍能保证核电厂安全停堆及防止冗余安全系统，部件和设备因火灾发生共模失效；

(4) 将火灾的各种损失减到最小。

3.3.1.1 组织机构和职责

营运单位应制定全面的防火大纲，以保证在核电厂整个寿期内防火安全所有方面的措施都已确定、实施、评价并形式文件。

应确定参与防火大纲的制定，实施和管理的厂区人员的职责，包括对职责授权的管理并形成文件。文件应确定在防火安全活动中所涉及人员的岗位、具体的职责、权力和指挥系统，包括与核电厂组织机构的关系。所确定的职责范围应包括：

(1) 可燃物料和点燃源的控制程序的制定；

---

① 防火大纲是包括进行所有防火活动所需的设备、程序和人员的全部工作。它包含系统和设施的设计和分析；防火、探测、报警、定位和灭火；行政管理控制；消防队组织；培训；检查、维护和试验；质量保证。——译自 IAEA NS-G-1.7《核电厂设计中的防止内部火灾和爆炸》

(2) 消防设施的检查、维修和试验;

(3) 人工消防能力的确定;

(4) 应急计划的制订,包括与负责消防的厂外单位的联络;

(5) 核电厂防火安全安排与有关各方之间的联络的总体协调;

(6) 核电厂修改的审查,以评价对防火安全的影响;

(7) 防火安全培训和应急演习;

(8) 有关防火安全问题的质量保证;

(9) 记录管理系统,包括对火灾事件记录分析和形成文件的方法;

(10) 火灾危害性分析的审查和更新;

(11) 火灾事件调查中得出的建议的跟踪。

应指派一个专职岗位人员(防火安全协调员),负责协调防火安全活动。

担任具体防火安全活动职责的人员应有足够的权力和资源,以允许他们采取迅速和有效的行动来保证安全。这应包括当可能会影响安全时有权发出“停止工作”的指令。

在核电厂应急计划中应考虑能影响安全的可能的火灾场景,它应包括对机构、职责、权力、指挥系统、通讯以及火灾所涉及的不同组之间的协调方法的描述。应考虑厂内和厂外的资源。

3.3.1.2 行政管理

(1) 概述

为使核电厂发生火灾的危险性降至最低,应制定行政管理程序。

核电厂行政管理程序应对以下方面作出规定:

1) 应进行定期巡查;

2) 在核电厂建造期间应特别关注并尽量减少可燃物的数量,应由火灾监督管理人员进行定期巡查;

3) 在重大维修活动期间,应每日进行巡查;

4) 巡查结果应有记录,不足之处应迅速改正。

(2) 可燃物料的贮存,使用和处理

运行的核电厂的厂房内不得随意存放油类物品和各种易燃物料,更不得随意设置物品存放点。行政管理程序应详细说明易燃物料的贮存,使用和处理要求:

1) 应确定每个防火区所有易燃物料及可燃物料的最大可允许库存量;

2) 应限制指定的储物间或隔室的易燃物料,使其不超出由火灾危害性分析确定的火灾荷载,如果临时超出限值,应制定适用的防火补充措施;

3) 应制定氢的贮存和使用程序;

4) 应制定易燃、可燃液态物料贮存和使用要求;

5) 应采用不燃或难燃的板材、帆布或由消防产品的质量监督检验机构认可的具有相同阻燃特性的材料,应限制使用卤化塑料;

6) 应将木材的使用量限制到最小,仅可使用经过阻燃处理的木材或木料,维修期间使用的材料如模板、脚手架、支撑板等应用不燃或难燃物料制成;

7) 所有临时的内部构筑物应用不燃或难燃材料建造,或可使用有限的可燃材料,但要处于火灾探测器及灭火系统的保护下,除非经火灾危害性的分析确定可不对该系统作要求;

8）液压系统中仅可使用有限的可燃但耐高温的液压油，若要使用易燃液压油，应受到灭火系统的保护。

（3）清理

应实施以下清理，尽量减少可燃物料的积累，以减低火灾的发生概率和损害：

1）每个班次工作结束后应及时清除易燃的废弃物料，渣土及碎片；

2）检修作业后要及时清理现场，保持工完场清；

3）为了安全运行，必要时应更为频繁地进行清理。

（4）点燃源的控制

应在核电厂的行政管理程序中说明对点燃源的控制：

1）应实施焊接及切割等“动火作业”的管理程序。在开始火焰切割、焊接、打磨或进行其他具有潜在点燃源的活动之前应提出动火申请；

2）防火责任部门应实施下述监督程序：

① 对动火区域进行检查；

② 动火区域 10 m 内没有易燃物，或易燃物已用安全物品覆盖；

③ 确认空气中没有可燃气体；或可燃物的爆炸下限＜4％的，动火地点空气中可燃物含量＜0.2％为允许动火；或可燃物的爆炸下限＞4％的，动火地点空气中可燃物含量＜0.5％为允许动火。

④ 所有裂缝或楼板开孔均已封堵或遮盖；

⑤ 为动火期间及事后指派了经培训的动火监护人（配有适当消防设备和器材）。

3）应得到防火大纲管理者或其他防火负责人的书面许可（如发放动火许可证），否则不应进行任何动火作业；

4）核电厂运行期间，应采取措施尽量减少可燃物料在厂区内的运输；

5）临时电气线路的使用应减至最少；

6）仅可使用安装及维修均安全的加热设备（包括临时性设备）。便携式加热器应配有防倾倒装置，一旦不处于直立状态即可关闭加热器；

7）泄漏试验不得使用明火或（可燃的）烟雾；

8）仅许可在指定区域吸烟。

（5）消防系统不可用的管理

应制定书面程序说明火灾对核电厂消防系统及设备的损害，并且说明对火灾风险产生直接影响的其他核电厂系统（如通风系统、核电厂应急通讯系统）的损害。该程序应包括对受损害系统的确认，情况通告（如通知核电厂的操作人员、消防队）以及采取补救措施的规定。

对受损害的消防系统和设备应采取如下措施：

1）设法尽可能缩短消防系统不可用的时间；

2）对消防系统的可用性进行适当的再鉴定试验以确定系统的功能是否完好。

（6）消防系统的检查和试验

应按适用的标准及制造厂的建议对所有的防火系统包括固定式防火系统进行检查和试验。应制定相应的防火系统的运行、操作、试验，消除缺陷管理制度，确保核电厂重要防火系统（主要指火灾报警，消防灭火设施，通/排风系统）的完好。

检查和试验应：

1）按照核电厂书面程序进行，其结果应予以记录；

2）对发现的缺陷迅速实施后续行动加以改正并形成文件。

3.3.1.3 火灾危害性分析(FHA)

（1）目的

为了确定防火区边界所需的耐火极限并确定灭火系统的要求应进行火灾危害性分析(FHA)①，FHA应覆盖核电厂所有可能发生重大火灾损失的区域，应对核电厂实施安全停堆的能力进行分析，并对发生火灾事故时限制放射性向周围环境释放的能力进行分析。

（2）适用范围

应由考核合格的防火工程师和反应堆系统工程师就以下内容实施FHA：

1）就实体建筑，厂房的布置以及防火区内的设备（包括电缆）包括防火区的耐火极限进行评价；

2）每个防火区易燃物料的存量，包括最大临时易燃物料存量；

3）防火设备的描述，包括每一防火区的火灾探测系统和手动及自动灭火系统；

4）对每一防火区进行假想火灾的分析，分析应考虑：

① 火灾发展及热释放速率；

② 火灾探测及灭火系统的时间响应；

③ 防火区在火灾探测/灭火系统单一故障时承受火灾的能力；

④ 火灾对安全停堆功能的影响。

（3）分析结果的应用

在对每一防火区进行假想火灾分析时，如果分析结果表明防火区的整体性或安全停堆功能不能保持时，应迅速进行改造或采取下述一个或多个行动的组合：

1）降低火灾荷载；

2）加强防火屏障；

3）构筑附加的防火小区；

4）增加火灾探测设备；

5）增加灭火设备。

分析表明假想火灾可能导致不可接受的放射性释放时，应采取消防排烟及监测等措施减少潜在的放射性释放。

（4）火灾危害性分析的评价，审查及更新

在完成FHA并为它的维护指定了责任人后，应确保防火措施的完整实施：

1）应就核电厂的改造和变更建议对FHA的影响进行评价；

2）行政管理应到位，以确保可燃物料（包括临时可燃物料）不能积累到使分析无效的水平；

3）应安排FHA的定期（一般认为，每5年至10年和在核电厂有重大修改后进行）审查或按国家核安全监管部门规定的时间审查，审查时应考虑：

---

① 有关核电厂火灾危害性分析的详细描述见EJ/T 1217—2007《核电厂火灾危害性分析指南》——编者注

① 重点核查上述条款的执行情况，不得因疏忽而使 FHA 的结果打折扣；

② 必要时以及在有重大技术改进和更好的分析方法时更新火灾危害性分析。

3.3.1.4 评价核电厂修改对消防的影响

由具有适当资格、授权执行审查防火安全问题的人员来仔细审查所有提出的核电厂修改对区域火灾荷载和防火设施可能的影响。对下述核电厂修改，包括设计变更，应进行防火安全方面的审查：

1）消防设施的修改；

2）被保护的安全系统或安全重要物项或可能不利于消防设施性能的系统的修改；

3）任何其他可能不利于消防设施性能的修改，包括影响区域火灾荷载的修改。

授权执行审查防火安全问题的人员应有足够的权力来阻止或暂停修改工作，一直到已发现的问题得到满意的解决。

如果修改需要使任何消防设施停用，应仔细考虑对此而降低安全系统保护水平，并且应做出适当的临时性安排以保持足够的防火水平。在完成修改后，应检查修改后的核电厂以确认其符合修改设计。对于能动系统的修改，修改后的核电厂应进行调试并恢复正常运行（可行时）。

应审查和更新火灾危害性分析，以反映修改的情况。

3.3.1.5 运行灭火预案

应对核电厂尤其是对核安全相关区域以及核安全相关设备构成危险的区域所有潜在火灾的正常响应制定详尽的行动预案。

该预案应包括：

（1）防火区布置图；

（2）火灾危害性，安全相关部件以及可能提供的任何防火设备的细节。

该预案还应包括下述行动策略：

（1）火灾报警系统的响应；

（2）通知应急响应队伍（如核电厂消防队、厂外消防部门）；

（3）与运行和安全保卫人员的协调；

（4）灭火技术；

（5）对潜在的放射性危害的响应。

此外，运行灭火预案应：

（1）保存在主控制室，核电厂消防队，以便查阅；

（2）定期进行审查并更新。

3.3.1.6 质量保证

消防设施通常不归入安全系统，因而它们可不需要遵循应用于安全系统的严格的质量合格鉴定要求和用于安全系统的质量保证大纲。但是火灾有可能产生共因故障而对安全产生威胁，应将安装的能动的和非能动的消防设施考虑为安全有关的。因此，适当的质量保证水平应适用于消防设施。

对影响在安全重要区域内防火安全的活动和有关资料应建立和实施质量保证体系并形成正式文件。

应把质量保证的规定应用到防火安全方面①：

1）火灾危害性分析；

2）工程设计依据、设计计算和计算机软件的验证，任何设计变更和修改的说明及图纸；

3）与采购有关的文件，包括新设施或修改后的设施、供应物资和设备的合格证书；

4）新工作和修改工作的调试和安装记录；

5）设计变更和核电厂修改的技术审查；

6）防火安全程序和应急计划及程序；

7）更换的防火材料、系统和设备的贮存和使用；

8）在每个防火区内可燃物料火灾荷载的记录；

9）对可燃物料和点燃源的管理；

10）使完成的检查、维修和试验程序形成文件以及应急安排的确认；

11）监查、检查和调查报告，包括确定的缺陷和纠正行动；

12）在完成最终纠正行动之前的对不符合防火安全要求和为弥补缺陷所采取的临时性行动的技术论证；

13）人员的技术资格和培训记录；

14）所有大、小火灾事件的记录，包括调查报告；

15）触发火灾探测器和/或消防系统：

① 对实际火灾状况的响应；

② 误报警和其他非火灾的响应。

16）消防设施的运行故障，包括计算机软件故障；

17）防火安全的组织机构和职责。

按适用的质量保证体系的相应规定，对防火安全上述方面的任一改变，都应控制到与原文件的技术审查和批准相同的水平。

3.3.1.7 电厂消防队

（1）组织机构

1）核电厂应拥有一支全天候 24 h 值班的现场消防队。

2）消防队负责人和至少有两名其他的消防队成员应接受过足够的消防培训，具有足够的核电厂安全相关系统的知识，以便能够预计火灾对核电厂停堆能力的影响。

3）消防队负责人负责制定灭火预案，并按预案组织演习。

4）消防队成员应由专职消防员组成，不承担其他指派的工作。

（2）培训和演习

新消防队员应接受消防的初级强化培训和消防演习，所有的消防队员应每个季度接受再培训，以使他们对运行灭火预案保持在完全熟悉状态。除了对危险物料事件按规定响应以外，培训大纲还应包括对火灾发生期间可能遭遇的放射性以及对身体健康危险的响应。除了培训之外，将演习作为测试，保持及加强消防队员响应能力的重要手段。

---

① 对某些现有核电厂，与设计、采购和调试有关的原始文件和其他文件也许不能获得。在这种情况下，质量保证大纲应该尽可能多地应用于所列出的方面，并应特别重视核电厂防火安全的定期审查方面。——HAD 103/10，10.3

消防培训大纲应形成文件并及时更新。

(3) 通讯

在核电厂的通讯系统中，所有紧急和危险状况有优先权，并有一系列可分辨的信号或可区别各种类型紧急状态的声响报警。通讯系统在发生火灾时除了发出火灾报警和通知撤离以外，还应能够指导消防队灭火。

火灾发生时，由于核电厂的运行人员应参与核电厂的安全停堆，所以消防人员和运行人员均应有可用的便携式无线电通讯设备。应定期检测这些设备，确保便携式无线电的传输频率既不影响核电厂内电子控制设备的运行，也不干扰核电厂保安部门使用的通讯频道。

(4) 与厂外消防救援机构的联系

核电厂消防队的通讯应与厂外消防救援机构保持畅通，以确保厂外救援力量的及时响应。

(5) 核电厂消防队装备

核电厂消防队配备的设备应使他们能够执行指定的任务。所配备的设备中至少应包括个人防护设备，应提供带有正压防护面罩的自备呼吸器。

如果很难得到厂外移动灭火装置，则可要求使用一个或多个厂内移动灭火装置，根据核电厂的需求，可用消防泵、水箱、水龙带和其他设备装备机动车辆。

3.3.1.8　核电厂人员消防培训

所有核电厂人员和临时指派到核电厂的承包商人员在开始工作前都应接受核电厂防火安全方面的培训(包括在火灾事件时他们的职责)。该培训应包括下述内容：

1) 核电厂的防火安全政策；

2) 了解特殊火灾危险，包括对区域火灾荷载的限制并有必要时结合考虑放射性影响；

3) 可燃物料和点燃源控制的重要性及其对该区域内允许火灾荷载的潜在影响；

4) 报告火灾的方法和要采取的行动；

5) 辨别视听火警信号；

6) 火灾时撤离的方法和应急疏散路线；

7) 所提供的不同类型的灭火设备及其在灭火初期的使用。

对涉及核电厂运行、维修和消防的指定人员，应制定专门的防火安全培训大纲。培训大纲应提供保证工作人员具有足够的技能并熟悉要遵循的详细程序的内容。培训应保证每个人都了解自己职责的重要性和失误的后果。专门的培训大纲应包括：

1) 通过进行设备定期检查、设备日常的和非计划的维修以及设备和系统的定期功能试验来保持电厂消防设施(非能动的和能动的)的完整性和可运行性的重要性；

2) 安装在电厂内的消防设施的设计和操作细则，以便通过对设备进行有效维修来保证其可运行性；

3) 设计变更和核电厂修改对防火安全的影响；

4) 需要保证负责审查计划的设计变更和电厂修改的人员有足够的知识去辨别可能对消防设施有影响的问题，这就需要详细了解如在火灾危害性分析或类似的文件中规定的消防设备的设计和试验要求以及在电厂每个防火区域的消防设施的特定设计目的；

5) 对可能授权或实施动火作业和可能指派为监火员的人员进行培训，以确保他们了解如切割和焊接这类活动可能带来潜在点燃源的危险；

6）对工作许可证制度、需要动火证的特定情况以及把潜在点燃源引入包含有安全重要部件的防火区所带来的危险所做的规定；

7）对在工作许可证制度或动火证制度中可能涉及的人员进行培训，他们应接受关于进行工作和总的防火安全教育的培训，以便他们能容易地认识核电厂中各种火灾危险，并能了解把可燃物料或点燃源引入安全相关区域的影响；

8）熟悉安全系统的实际位置（最好通过巡视电厂）；

9）熟悉电厂防火设施的实际位置。

核电厂防火安全培训大纲应形成文件并应包括：

1）对特定人员确定专门培训的需要；

2）编制培训教材和教案；

3）定期评价。

应将对受训人员技术能力的评价考虑作为培训大纲的重要因素。应定期审查防火安全培训大纲的内容完整性、有效性和整体适宜性。必要时修改培训大纲。

3.3.2 核电厂消防安全制度

国防科学技术工业委员会发布的《核电厂消防安全监督管理规定》规定："核电厂营运单位（以下简称营运单位）应当依照《中华人民共和国消防法》以及本规定，建立健全本单位的消防安全管理制度和岗位安全责任制度，制定安全防范措施，维护核电厂消防安全。"

中华人民共和国公安部令第 61 号《机关、团体、企业、事业单位消防安全管理规定》规定："单位应当按照国家有关规定，结合本单位的特点，建立健全各项消防安全制度和保障消防安全的操作规程，并公布执行。"

核电厂已按照国家有关规定，结合本单位的特点，建立和严格执行各项消防安全制度和保障消防安全的操作规程。核电厂消防安全制度主要包括以下内容：消防安全教育、培训；防火巡查、检查；安全疏散设施管理；消防（控制室）值班；消防设施、器材维护管理；火灾隐患整改；用火、用电安全管理；易燃易爆危险物品和场所防火防爆；专职和义务消防队（有电厂称为志愿消防队）的组织管理；灭火和应急疏散预案演练；燃气和电气设备的检查和管理（包括防雷、防静电）；消防安全工作考评和奖惩；其他必要的消防安全内容。

复习思考题

1. 核电厂消防工作的方针和原则是什么？
2. 核电厂消防工作的目的是什么？
3. 简述核电厂防火大纲的内容。
4. 核电厂消防安全制度包括哪些内容？

第四章　防　火

4.1　概　述

4.1.1　防火的基本思路

核电厂防火的基本思路是积极预防与被动控制。

(1) 积极预防

预防是防火安全的基本原则,“防患于未然”是历史经验的总结。对于消防方面,只有做好预防工作,火灾才会减少,甚至可以避免。一个单位、一个部门,只要重视预防工作,安全隐患就会减少,火灾事故就不会发生。

积极预防是指利用现有的装备、设施、人员,最大限度降低火灾发生的概率,当火灾发生时把火灾扑灭在初起阶段。这些包括设置必要的消防系统、装备必须的消防器材、制定相应的消防管理制度等。

(2) 被动控制

被动控制指发生火灾后,利用预先设计和构筑好的耐火结构,把火灾控制在燃烧区域,即使不扑救,也不会发生火灾蔓延。比如划分防火分区、用防火分隔物完成对火灾的控制。

4.1.2　核电厂火灾危险源

火灾危险源是指可能引发火灾并由火灾造成人员伤亡、财产损失或环境破坏的根源。

核电厂火灾危险源主要有核电厂可燃物料和点燃源。

(1) 核电厂可燃物料

核电厂内存放、使用的可燃物料种类繁多如燃油、润滑油、变压器油、氢气、电缆、清洗剂、活性炭等,而且这些可燃物料数量大,并在不同的厂房内存放和/或使用这些可燃物料,它们都是核电厂的火灾危险源。

1) 核岛部分:如反应堆厂房有主泵和余热排出泵的润滑油;核辅助厂房有上充泵、安注系统试验泵和设备冷却泵的润滑油,放射性气体处理系统、储槽排气处理系统碘过滤器芯的活性炭(更换时活性炭暴露在外),燃氢系统设备间的氢气(泄漏);电气厂房有电缆、电器;辅助给水泵间有润滑油;棒控系统间有电气设备;柴油机厂房有燃油和润滑油。

2) 常规岛部分:常规岛与核岛相比,可燃物料较多,数量较大,空间大,具有较大的火灾危险性。如汽轮机、发电机有润滑油、氢气;润滑油室有润滑油、密封油和和调速油;汽动给水泵、电动给水泵和润滑油输送间有润滑油;蓄电池间、发电机氢气供应系统有氢气;主变压器、厂用变压器、备用变压器有变压器油;电缆层、电气间有电缆和电器。

3) 与生产相关的厂房:如油罐、辅助锅炉有柴油;制氢站有氢气。

4）非技术性厂房如实验室、危险品库有化学危险品；润滑油脂库有润滑油、脂；油库、车库有汽油、柴油；仓库有固体可燃物。

（2）核电厂点燃源

核电厂点燃源的种类多，能量大，分布广。核电厂点燃源包括高温物体（蒸汽、热水、热油以及管道、阀门等），电热能（大量高压、高能电气设备），机械热能（大量转动机械），加热工艺（焊接、打磨、切割），核能（反应堆乏燃料），静电火花等。

从国内外已发生的核电厂火灾统计表明核电厂的火灾风险是高的。

上述情况表明核电厂火灾危险源比火（水）电厂多，因此核电厂防火安全更加繁重。

4.1.3 核电厂发生火灾的原因

通过分析核电厂的火灾案例，核电厂火灾的直接原因有下列几类：

1）反应堆发生故障造成起火、爆炸事故；

2）可燃物（如易燃、可燃液体引起的事故，可燃气体引起的火灾）引起的火灾；

3）电气设备引起的火灾；

4）维修用火引起事故；

5）雷击、吸烟或人为引起火灾事故；

6）飞机坠落、地震引起火灾事故；

核电厂火灾的潜在原因有下列几类：

1）设备的损坏或失效；

2）回路的完整性被损坏。例如润滑油管路漏油；

3）误操作；

4）没有考虑环境因素。例如在有氢气危险的场所，使用非防爆工具、电器；

5）物品贮放混乱，废物未及时清理；

6）粗心大意；

7）违反或不遵守操作程序、规程。例如动火作业不办理动火许可证，防火屏障开孔后不封堵等。

一般火灾原因分析结果表明人为错误是造成火灾的主要原因，核电厂发生火灾的主要原因也是人为错误。在美国轻水堆核电厂的158起火灾事故中，约35％是职工的操作失误造成的，27％是电气故障引起的，27％是由于某种设备损坏造成的，而不少火灾是由于几种原因同时引发的。

机组的不同状态，其引起火灾的主要原因不一样。

1）机组正常运行时

此时，各种可能造成火灾的能量在受控状态下，一旦某一局部失去控制，形成引起火灾的条件，就可能引起火灾。如发电机的氢冷系统，一旦密封被破坏，就会引起爆炸起火。

运行时的第二个特点是长期运行导致某些材料质量下降、设备松动和老化而形成引起火灾的条件。

运行时的第三个特点是在机组状态调节变化的过程中或定期试验时，由于运行人员的误操作而造成引起火灾的条件。如润滑油滤网的切换等。

运行时的第四个特点是日常维修活动。这些活动需要对个别设备、局部系统进行隔离或带压操作。此时，作业环境中的风险较大。如果隔离或在线设置发生错误或维修作业粗心大意，则很容易造成火灾。

简言之，机组运行状态时，引起火灾的主要原因有：

① 设备损坏或失效；

② 回路完整性被破坏；

③ 误操作。

2）机组大修时

此时，首先不能忽视的是确保堆芯余热的排出，如果堆芯余热排出泵因火灾而不可用，则严重影响核安全。该泵本身的火灾风险并不大，但是反应堆厂房内作业区较多，任何一个相邻该泵的作业区发生火灾都可能影响该泵的可用性。对于其他安全保护系统都有类似的情况。

作业区多，动火作业点多，进入厂房的临时可燃物料多，使厂房的火灾危险性和火灾荷载增加，这是机组大修时的特点，因此在此期间引起火灾的主要原因有：

① 现场物品贮放混乱，废物未及时清理；

② 没有考虑环境因素；

③ 粗心大意；

④ 违章作业。

4.2　防火管理

从 1.2.1 节和 1.2.2 节讲述的燃烧所需要的必要和充分条件中，我们懂得：防止燃烧基本条件同时存在或避免它们的相互作用，这是防火和灭火技术的基本理论。所谓防火和灭火的基本措施就是去掉其中的一个或几个条件以及避免它们相互作用，使燃烧不致发生或不能持续。

在设计核电厂时，采取措施防火，如应使可燃物料的数量和火灾荷载保持在合理可行的最小值，尽量采用合适的非可燃物料；尽可能使每一系统的运行或故障不致引起火灾；对安全重要物项予以保护，使其免受如雷击等可能引起火灾的自然现象的危害；设置必需的消防设施。

核电厂运行期间的防火安全侧重在建立和执行防火管理制度及对消防设施的维护。本节介绍点燃源的管理、可燃物料的管理、厂房防火管理等防火要求和措施。

4.2.1　点燃源管理

4.2.1.1　生产和生活中常见的点燃源

生产和生活中常见的点燃源主要有：

(1) 生产用火，如电焊、气焊；

(2) 机械打火，如打磨、切割；

(3) 机动车辆火星，如机动车辆排气管喷火；

(4) 静电火花，如输送中因物料摩擦产生的静电放电；

(5) 自燃,如有些可燃物料受热自燃或自热自燃;

(6) 电火花,如电气线路、短路、过负荷等引起的电火花;

(7) 雷击、太阳能热源及其他高温热源;

(8) 生活用火,如吸烟、明火取暖。

4.2.1.2 点燃源的管理

(1) 法律及核安全导则对点燃源管理的规定

《中华人民共和国消防法》第二十一条规定:"禁止在具有火灾、爆炸危险的场所吸烟、使用明火。因施工等特殊情况需要使用明火作业的,应当按照规定事先办理审批手续,采取相应的消防安全措施;作业人员应当遵守消防安全规定。

进行电焊、气焊等具有火灾危险作业的人员和自动消防系统的操作人员,必须持证上岗,并遵守消防安全操作规程。"

《机关、团体、企业、事业单位消防安全管理规定》第二十条规定:"单位应当对动用明火实行严格的消防安全管理。禁止在具有火灾、爆炸危险的场所使用明火;因特殊情况需要进行电、气焊等明火作业的,动火部门和人员应当按照单位的用火管理制度办理审批手续,落实现场监护人,在确认无火灾、爆炸危险后方可动火施工。动火施工人员应当遵守消防安全规定,并落实相应的消防安全措施。""两个以上单位共同使用的建筑物局部施工需要使用明火时,施工单位和使用单位应当共同采取措施,将施工区和使用区进行防火分隔,清除动火区域的易燃、可燃物,配置消防器材,专人监护,保证施工及使用范围的消防安全。"

HAD 103/10《核动力厂运行防火安全》对点燃源的控制规定如下:

应制定和实施在整个核电厂内控制可能的点燃源的管理程序。管理程序应包括控制以下方面:

1) 规定除指定的区域外,禁止在所有其他区域吸烟;

2) 禁止把明火用于试验感热或感烟装置(如火灾探测器)或用于泄漏装置;

3) 禁止在安全重要的区域使用便携式加热器、厨房用具和其他类似装置;

4) 限制使用临时性的接线。

应制定和实施管理程序,以控制有必要使用潜在点燃源、或者本身也许会产生点燃源的维修和修改活动。实施此类工作应用工作许可证制度或专门的动火证制度来控制。在所采用的动火证制度中,应制定包括工作的管理、监督、工作的授权和执行、工作区域的检查、指定监火员(如有要求)和消防通道的程序。所有涉及准备、发布和使用动火证的人员都应在正确使用该制度方面得到培训,并应对其目的和应用有清楚的理解。不管是否提供监火员,至少有一个从事该工作的人员应在使用所提供的防火安全设施方面得到培训。

在包含安全重要物项的区域,涉及使用潜在点燃源或可能会产生点燃源的工作,都应在考虑可能的安全后果之后才能允许进行。例如,可能禁止在安全重要功能的多重部件上或在包含这些部件的区域同时做这样的工作。

应制定程序,以保证在试图做任何动火工作前,要检查直接的工作区域和邻近区域是否存在可燃物料,并保证已确认了必要的防火措施的可运行性。如果工作区域的布置和设计会使火星和熔渣的散布超出原有的工作区域,就应核查该工作区域的上下空间,并且应把可燃物料移到安全区域或者加以适当的防护。

在动火工作时，应做例行检查，以保证遵守动火证条件、没有暴露的可燃物料存在和监火员在岗（如果在动火证中已经规定了监火员）。

在动火证确定了需要监火员的情况下，应遵循如下程序：

1）在做任何动火工作前，监火员应在最接近处值班，如果监火员离开工作区域，就应停止工作，并且在明火工作完成以后，监火员应在工作区域留守一段适当的时间；

2）在整个工作过程中，监火员不应执行其他任务；

3）应容易得到足够的专用消防设备，如果必要，还应有迅速获得辅助设备的手段，应保持消防队员适当的出入通道。

在可能释放易燃气体的区域使用的设备或车辆都应经过相应的防爆合格鉴定。

在切割或焊接操作或其他动火工作中压缩气体钢瓶的使用，应依据动火证制度来控制。

在包含可燃物料区域的入口处应设立警示标志，提醒对人员的限制或进入的要求及永久性的控制点燃源的必要性。

（2）动火证制度

各运行核电厂均按消防法律、法规和核安全法规的要求，制定了动火作业管理程序（动火证制度），并严格地执行。虽然各核电厂对动火证的管理措施有差异，但主要规定了下列内容：

1）需办理动火证的作业

① 诸如焊接、切割、打磨、加热、烘烤、碘钨灯照明等引入点燃源的任何作业；

② 使用如油漆、清洗剂、溶剂、燃油等易燃固体、液体、气体及 200 L 及以上润滑油等可燃液体的任何作业。

2）免办动火证的作业

下列作业免办动火证，但仍须采取必要的防火措施：

① 在机械加工车间和机械维修车间指定的，有明确标志的加热工作区，从事引入点燃源的作业，但必须采取适当的隔离和防火措施；

② 在现场实验室使用少量易燃液体（每次用量少于 3 L）的作业；

③ 其他任何使用小于 0.5 L 易燃液体的作业；

④ 使用小于 200 L 润滑油等可燃液体的作业。

3）办理动火证的流程

① 生产区域动火证的办理流程，包含对火灾、爆炸风险较大的作业的动火作业的控制；

② 非生产区域动火证的办理的流程。

此外，程序还规定：

动火证的有效期（如有核电厂规定不超过 7 天，有的不超过 15 天）。如需延期，则须按管理程序规定的流程办理延期手续。

焊接、切割、打磨等动火作业应用防火布围护，规范建立作业区，围护结构的设置应尽量封闭，禁止出现超出围护结构的火花飞溅现象。

工作结束后，工作负责人应在规定的期限（如 5 天）内将动火证归还消防部门。

表 4-2-1 是中国核工业集团公司下属某一电厂的动火证示例。

表 4-2-1　动火证(示例)

××核电厂动火证(示例)

编号：　　　　　　　　　　　　　　　　　　　　　　　　　　　　(第 1/2/3 联)

<table>
<tr><td colspan="6">工作内容</td><td colspan="3">相关工作许可证
重大风险作业：是□　　否□</td></tr>
<tr><td>申请人</td><td>申请人联系电话</td><td colspan="4">处或承包商</td><td colspan="3" rowspan="3">电焊□
电割□
氩弧焊□
研磨切割□
易燃物的使用□
其他，请注明□</td></tr>
<tr><td>机组</td><td>系统</td><td>设备</td><td>年</td><td>月</td><td>日</td></tr>
<tr><td>厂房</td><td>高度</td><td>房间</td><td colspan="3">工作期限(最长为 15 天)</td></tr>
<tr><td colspan="6" rowspan="3">建议的工作方法及要求的措施
• 动火人员资格
• 由运行隔离并吹扫，作业前通知消防科检验
• 事先清除附近油迹及可燃物
• 用防火布遮盖附近电缆及设备
• 挂好接渣盘或用防火布作好铺垫，防止火花落下
• 指定专职监火人员，就近放置灭火器备用
• 监火人姓名：　　　灭火器型号：　　　数量：
• 专人严格管理加热器具，不用时立即关闭；专管人姓名：
• 作业前通知消防科人员到现场检查防火措施落实情况
• 动火与使用易燃液体的作业不得同时进行
• 易燃固定、液体、气体带入量限制为一天使用量
• 容器：　　　品种：　　　数量：
• 剩余易燃液体必须带出现场
• 工作完毕清理现场
• 动火后观察半小时，确认无遗留火种
• 妥善固定碘钨灯具及其电源电缆，灯具与易燃液体作业区保持 3 m 以上距离
• 其他要求(请描述)：</td><td colspan="3">厂内火灾报警电话：
1 号机组及公用厂房：4219
2 号机组：4229
其他区域：119

报警后要求
⇨尽可能控制火势蔓延
⇨接应消防队</td></tr>
<tr><td>保卫处消防科</td><td>姓名</td><td>日期</td></tr>
<tr><td>评定人</td><td></td><td></td></tr>
<tr><td colspan="6">建议运行人员采取的行动：</td><td>批准人</td><td></td><td></td></tr>
<tr><td colspan="5" rowspan="2">火警探测区/相关区域：

拟被隔离的消防系统：</td><td rowspan="2">开始工作</td><td>机组副值长</td><td></td><td></td></tr>
<tr><td>工作负责人</td><td></td><td></td></tr>
<tr><td colspan="2">有效期延至</td><td colspan="2">消防科批准人</td><td>主控制室
批准人</td><td rowspan="2">工作结束</td><td rowspan="2">工作负责人</td><td rowspan="2"></td><td rowspan="2"></td></tr>
<tr><td colspan="2"></td><td colspan="2"></td><td></td></tr>
<tr><td colspan="2"></td><td colspan="2"></td><td></td><td rowspan="2">恢复系统</td><td rowspan="2">机组副值长</td><td rowspan="2"></td><td rowspan="2"></td></tr>
<tr><td colspan="2"></td><td colspan="2"></td><td></td></tr>
</table>

第 1 联：消防科存　　第 2 联：工作负责人携带　　第 3 联：主控室备查

下面是中国核工业集团公司所属某一核电厂关于引入点燃源的动火作业“八不”、“四要”规定：

(1) 动火前的“八不”规定

1) 防火、灭火措施不落实不动火；

2) 周围的易燃、可燃杂物未清除不动火；

3) 附近难以移动的易燃、可燃结构未采取安全防范措施不动火；

4) 凡盛过油类等易燃液体的容器、管道，未经刷洗干净、排除残存的油质不动火；

5) 凡盛过可燃气体、受热易膨胀、有爆炸危险的容器和管道不动火；

6) 凡贮存易燃易爆物品的车间、仓库和场所，未经排除易燃易爆危险的不动火；

7) 在高空进行焊接或切割作业时，下面的可燃物品未清理或未采取相应安全防范措施不动火；

8) 未配备相应的灭火器材不动火。

(2) 动火中“四要”规定

1) 动火前要按规定指定现场监火人；

2) 现场监火人和动火人员，必须经常注意动火情况，发现不安全苗头时，要立即停止动火；

3) 发生火灾、爆炸事故时要及时报警、扑救；

4) 动火人员要严格执行安全操作规程。

下面是另一核电厂动火作业“十不准”规定：

1) 焊工必须持证上岗，无特种作业人员安全操作证的人员，不准进行焊、割作业；

2) 凡属重点防火区、一般防火区范围内实施的焊、割等动火作业，未经办理一级动火许可证、二级动火许可证等动火审批手续，不准进行焊、割；

3) 焊工不了解焊、割现场周围情况，不得进行焊、割；

4) 焊工不了解焊件内部是否安全时，不得进行焊、割；

5) 各种装过可燃气体，易燃液体和有毒物质的容器，未经彻底清洗，排除危险性之前，不准进行焊、割；

6) 用可燃材料作保温层、冷却层、隔音、隔热设备的部位，或火星能飞溅到的地方，在未采取切实可靠的安全措施之前，不准焊、割；

7) 有压力或密闭的管道、容器，不准焊、割；

8) 焊、割部位附近有易燃易爆物品，在未作清理或未采取有效的安全措施前，不准焊、割；

9) 附近有与明火作业相抵触的工种在作业时，不准焊、割；

10) 与外单位相连的部位，在没有弄清有无险情，或明知存在危险而未采取有效的措施之前，不准焊、割。

4.2.2 可燃物料的管理

4.2.2.1 HAD 103/10《核动力厂运行防火安全》对可燃物料的管理规定

HAD 103/10《核动力厂运行防火安全》对可燃物料的管理规定如下：

应建立和实施在整个核电厂中有效控制可燃物料的书面管理程序。该程序应规定对可燃固体、液体和气体的发送、贮存、装卸、运输和使用的控制。应考虑在安全重要区域的内部或其附近防止与火灾有关的爆炸。对安全重要的区域,程序应规定对与正常运行有关的可燃物料和在维修或修改活动中可能会引入的可燃物料进行控制。

对安全重要的区域应制定和实施书面程序,以使该区域中临时的可燃物料(非永久性的),特别是包装材料的量减到最少。当活动一结束(或以固定的时间间隔),就应把这种物料移走或暂时贮存在批准的容器内或贮存区域内。

安全重要的每一区域中可燃物料的总火灾荷载应保持合理可行尽量低,同时考虑防火区边界的额定耐火极限。应保存用文件记载的在每个区域中估计的或计算的现有火灾荷载以及最大容许火灾荷载的记录。

在配置核电厂家具和用品时,可燃物料的使用应降至最少。在安全重要的区域中,可燃物料不应用于装饰或其他不重要的方面。

应制定和实施管理性控制,以保证为评价总的火灾荷载和核电厂厂房管理状况而对安全重要区域进行定期检查,并保证人工消防的进出口通道不受阻塞和把实际的火灾荷载保持在允许的限值以内。

在安全重要区域内的维修和修改活动中,应制定和实施对临时性火灾荷载提供有效控制的管理程序。这些程序应包括可燃固体、液体和气体、它们的包装物及其相对于其他危险物料(如氧化剂)的贮存位置。还应包括一个颁发工作许可证的程序,该程序要求在开始工作以前需要对所建议的工作活动进行核电厂内的审查和批准,以确定对防火安全可能的影响。负责审查可能的临时性火灾荷载工作活动的厂内人员应确定所建议的工作活动是否是允许的,并应规定所需要的任何附加的防火措施(如提供便携式灭火器,或必要时安排监火员)。

在安全重要的区域内应制定和实施控制易燃和可燃固体与液体的贮存、装卸、运输和使用的管理程序。应根据实际情况制定管理程序,并应对下列固体和液体提供控制。

对固体:

1) 应限制使用可燃物料(如木制脚手架)。在允许使用木制物料处,木制物料应经化学处理或有涂层,以使其成为阻燃材料。

2) 应限制贮存如活性碳过滤器和干的未使用过的离子交换树脂之类的可燃物料;这类物料的大量库存应放置在有适当耐火等级的防火区并提供防火措施的指定贮存区域内。

3) 应限制贮存如纸和防护服这样的可燃物料;这类物料的大量库存应放置在具有适当耐火等级的防火区并提供防火措施的指定区域内。

4) 应禁止贮存所有其他的可燃物料。

对液体:

1) 在维修或修改活动中引入防火区域的易燃或可燃液体的量应限制在每天使用所需的数量。必要时应提供适当的防火措施(如手提式灭火器)。

2) 在运输和使用易燃液体时,应使用批准的容器和配量器。容器应安装有弹簧加载的封盖。易燃或可燃液体的运输应避免装在敞开容器内。

3) 如果有必要在工作区域贮存少量的易燃或可燃液体,应使用已批准设计的易燃液体箱。

4) 应在所有易燃或可燃液体容器的显著位置上贴上能清楚标明其内容物的标签。

5) 贮存大量易燃和可燃液体时,应以不损害安全的方式放置和保护,这种大量的贮存区域应由额定耐火极限的防火区域或必要时采取适当的防火措施的空间分隔来与其他的核电厂区域分开。

6）应在易燃和可燃液体的贮存区域设置警示标志。

应制定和实施控制在整个核电厂内易燃气体发送、贮存、装卸、运输和使用的管理程序。应根据实际情况制定和实施该程序，以保证：

1）对诸如氧气这种助燃的压缩气体钢瓶应有足够的防护，应与可燃气体分开贮存，并远离可燃物料和点燃源。

2）在厂房内需要长期使用的易燃气体源时，易燃气体源由易燃气体钢瓶或在厂房外专设的安全贮存区域提供，以使得影响贮存区域的火灾不会损害安全。

4.2.2.2 现场物料存放管理

为了管理现场存放的物料，各核电厂都制定和执行相应的管理程序，该程序主要规定：

1）厂区内可移动的物料，均须经管理程序规定的部门/人员许可后才能存放。

2）如现场的物料需长期存放，应办理厂房物料长期存放单，经管理程序规定的部门/人员许可后，申请单位或部门指定负责人对物料存放的安全责任负责，并将相关标识挂在存放点的明显处。

3）一项作业一旦中断，运进作业现场的物料应立即运出现场。如果作业人员在作业时需离开现场或作业长时间需要（如大修或时间较长、超过1天的工程维修或改造），现场的物料只有在办理现场物料临时存放点证书后才能存放，申请单位或部门指定负责人对物料存放的安全责任负责，并将相关标识挂在存放点的明显处。

此外还规定：

1）物料的存放应和设备及通道保持合适的距离，不影响设备的操作使用，不影响人员疏散，核安全相关系统、消防系统的设备间及其邻近区域禁止存放任何物料。

2）从现场设备上拆解下的零部件在现场存放，也应按程序办理物料存放证。

表4-2-2是中国核工业集团公司下属某一电厂的可燃物料申请表。

表 4-2-2 现场使用可燃物料申请单(示例)

现场使用可燃物料申请单(示例)

<table>
<tr><td colspan="2" rowspan="2">处室/承包商：</td><td colspan="2">申请人：</td><td>申请时间： 年 月 日</td></tr>
<tr><td colspan="2">电话：</td><td>使用时间： 年 月 日至 年 月 日</td></tr>
<tr><td colspan="5">一般可燃物料：☐
易燃易爆物料：☐</td></tr>
<tr><td colspan="2">品名</td><td>单位</td><td colspan="2">数 量</td></tr>
<tr><td colspan="2"></td><td></td><td colspan="2"></td></tr>
<tr><td colspan="2"></td><td></td><td colspan="2"></td></tr>
<tr><td>厂房</td><td></td><td colspan="3" rowspan="2">用 途</td></tr>
<tr><td>部位</td><td></td></tr>
</table>

续表

危险特性及安全措施
批 准 单 位
审批部门负责人意见： 签名： 年 月 日
要求： 1. 承包商向公司对口处室提出申请，由公司对口处室负责人审批。 2. 本公司各处室使用的可燃物料由本处室负责人审批。 3. 运行处隔离办应凭现场使用可燃物料申请单办理相关工作票。 4. 申请单为三联单，其中“白色页”交审批部门，“红色页”交携带人，“蓝色页”交指定门卫备案、审查。

4.2.2.3 危险化学品管理

危险化学品管理的一般原则

(1) 分类和标志

GB 13690—1992《常用危险化学品的分类及标志》按主要危险特性将危险化学品分为8类：

第1类 爆炸品

本类化学品指在外界作用下(如受热、受压、撞击等)，能发生剧烈的化学反应，瞬时产生大量的气体和热量，使周围压力急骤上升，发生爆炸，对周围环境造成破坏的物品，也包括无整体爆炸危险，但具有燃烧、抛射及较小爆炸危险的物品。

第2类 压缩空气和液体气体

本类化学品系指压缩、液化或加压溶解的气体，并应符合下述两种情况之一者：

1) 临界温度低于50 ℃或在50 ℃时，其蒸气压力大于294 kPa的压缩或液化气体；

2) 温度在21.1 ℃时，气体的绝对压力大于275 kPa，或在54.4 ℃时，气体的绝对压力大于715 kPa的压缩汽体；或在37.8 ℃时，雷德蒸气压力大于275 kPa的液化气体或加压溶解的气体。

第3类 易燃液体

本类化学品系指易燃的液体，液体混合物或含有固体物质的液体，但不包括由于其危险特性已列入其他类别的液体，其闭杯试验闪点等于或低于61 ℃。

第4类 易燃固体、自燃物品和遇湿易燃物品

易燃固体系指燃点低，对热、撞击、摩擦敏感，易被外部火源点燃，燃烧迅速，并可能散发出有毒烟雾或有毒气体的固体，但不包括已列入爆炸品的物品。

自燃物品系指自燃点低，在空气中易发生氧化反应，放出热量，而自行燃烧的物品。

遇湿易燃物品系指遇水或受潮时，发生剧烈化学反应，放出大量的易燃气体和热量的物品，有的不需明火，即能燃烧或爆炸。

第5类 氧化剂和有机过氧化物

氧化剂系指处于高氧化态、具有强氧化性，易分解并放出氧和热量的物质，包括含有过氧基的无机物其本身不一定可燃，但能导致可燃物的燃烧，与松软的粉末状可燃物能组成爆炸性混合物，对热、震动或摩擦较敏感。

有机过氧化物系指分子组成中含有过氧基的有机物，其本身易燃易爆。极易分解，对热、震动或摩擦极为敏感。

第6类 有毒品

本类化学品系指进入机体后，累积达一定的量，能与体液和器官组织发生生物化学作用或生物物理学作用，扰乱或破坏肌体的正常生理功能，引起某些器官和系统暂时性或持久性的病理改变，甚至危及生命的物品。经口摄取半数致死量：固体 $LD50 \leqslant 500$ mg/kg，液体 $LD50 \leqslant 2\ 000$ mg/kg；经皮肤接触 24 h，半数致死量 $LD50 \leqslant 1\ 000$ mg/kg；粉尘、烟雾及蒸汽吸入半数致死量 $LC50 \leqslant 10$ mg/L 的固体或液体。

第7类 放射性物品

本类化学品系指放射性比活度大于 7.4×10^4 Bq/kg 的物品。

第8类 腐蚀品

本类化学品系指能灼伤人体组织并对金属等物品造成损坏的固体或液体。与皮肤接触在 4 h 内出现可见坏死现象，或温度在 55 ℃时，对 20 号钢的表面均匀年腐蚀率超过 6.25 mm/a 的固体或液体。

GB 13690—1992 规定：根据常用危险化学品的危险特性和类别，它们的标志设主标志 16 种和副标志 11 种。主标志图形由表示危险特征的图案、文字说明、底色和危险品类别号 4 部分组成的菱形标志，副标志图形中没有危险品类别号。主副标志示例见图 4-2-1。

底色：橘红色
图形：正在爆炸的炸弹（黑色）
文字：黑色

(a) 主标志

底色：橘红色
图形：正在爆炸的炸弹（黑色）
文字：黑色

(b) 副标志

图 4-2-1 危险化学品标志示例

每种危险品包装件应按其类别贴相应的标志。

当一种危险化学品具有一种以上的危险特性时，应用主标志表示主要危险性类别，并用副标志来表示重要的其他的危险性类别，而且标志应清晰，并保证在货物储运期内不脱落。

在 GB 13690—1992 规定标志使用方法按 GB 190《危险货物包装标志》的规定。

GB 190—2009 替代了 GB 190—1990。在 GB 190—2009 规定："标记 4 个；标签 26 个，其图形分别表示了 9 类危险货物的主要特性。"该标准与 GB 190—1990 相比主要变化如下：

1）爆炸品标签从原有的 3 个增加为 4 个；

2）气体标签从原有的 3 个增加为 5 个；

3）易燃液体标签从原有的 1 个增加为 2 个；

4）第 4 类物质标签，从原有的 3 个增加为 4 个；

5）第 5 类物质标签中，有机过氧化物变动较大；

6）毒性物质标签从原有的 3 个减少为 1 个；

7）第 7 类物质标签中，增加裂变性物质标签；

8）增加 4 个标记；

9）增加标记和标签使用要求(附录 A)。

（2）储存

易燃易爆化学危险品储存必须遵照国家法律法规和其他的规定，如《仓库防火安全管理规定》(中华人民共和国公安部令第 6 号)、GB 15603—1995《常用化学危险品贮存通则》。

化学危险品必须贮存在经公安部门批准设置的专门的化学危险品仓库中。未经批准不得随意设置化学危险品贮存仓库。

化学危险品露天堆放，应符合防火、防爆的安全要求，爆炸物品、一级易燃物品、遇湿燃烧物品、剧毒物品不得露天堆放。

根据危险品性能分区、分类分库贮存。化学性质相抵触或灭火方法不同的易燃易爆化学危险品，不得在同一库房内储存。

同时还应符合下列条件：

1）不得超量和超期储存；

2）必须建立入库验收、发货检查、出入库登记制度；

3）仓库管理人员经考核合格后持证上岗，必须履行日常的防火管理工作。检查物品状态、性质是否有变化；检查消防和应急措施和工具是否齐全等。

（3）运输

在核电厂厂区内运输易燃易爆化学危险品的车辆必须按各电厂的管理程序规定办理易燃易爆化学危险品准运证，并严格按规定运输。

（4）使用

使用易燃易爆化学危险品的单位和个人，必须具备下列条件：

1）使用易燃易爆化学危险品的建筑和场所必须符合建筑防火规范和有关专业防火规范，具有防雷保护设施。

2）使用易燃易爆化学危险品场所的电气设备，必须符合电气防爆标准。

3）分装、罐装易产生静电的易燃易爆化学危险品，必须按规定设置静电导除装置。

4）大量燃烧易燃易爆化学危险品时，必须征得所在地公安消防监督机构的同意。

（5）应急处理

危险物品的处理、运输及储存人员或使用危险物品的人员，对所处理的物品的潜在危险性应该有深刻的认识，应熟悉紧急程序（火警、爆炸、溅出和泄漏、防毒、灭火等）。若发生紧急事故，要尽快通知工业安全和消防部门。

（6）废弃

禁止在化学危险品贮存区域内堆积可燃废弃物品。

泄漏或渗漏危险品的包装容器应迅速移至安全区域。

按化学危险品特性，用化学的或物理的方法处理废弃物品，不得任意抛弃、污染环境。

大量废弃化学危险品时，应报公安、环境保护和工业安全部门，得到批准后按具体的方法废弃。

溶剂或用过的废溶剂油不得就地泼洒，或倒入地坑、地沟、电缆沟槽或没有废水处理系统的水沟内，以免发生危险。

强酸、强碱不得高浓度排放。尤其是遇水接触时，当稀释热较大时，可引起喷溅危险。

不允许氧化剂类高浓度排放，或从存在可燃物的系统排放。例如，排放油污等可燃物的地漏、地沟就不能排放氧化剂类废弃物。

各核电厂都按国家和行业有关危险化学品管理规定，制定和执行本单位危险化学品管理程序。下列是中国核工业集团公司所属某核电厂关于危险化学品管理要求：

（1）在厂内运输危险化学品必须按化学品管理程序要求进行，危险化学品必须存放在专门设计的危险品库、场所内；

（2）如果出于运行或检修的需要，确实要存放某些危险化学品，则必须遵循合理、尽可能少和专人管理的原则，按管理程序要求办理特准危险化学品贮存点证书；

（3）因工作需要在现场存放少量危险化学品而工作人员需离开现场时，除遵守上述（2）规定外，必须设专用金属柜，并对其出入实施登记控制和容器回收制度；

（4）获得证书后，对作业临时使用的危险化学品，使用人应将相关标识挂在存放点的明显处。

4.2.3 电气设备防火

从 2009 年 1—10 月份全国火灾起火原因中可看出：电气引发火灾 31 731 起，造成死亡 265 人，受伤 114 人，损失 41 514.6 万元，分别占总数的 29.9％、31.9％、22.4％和 39.1％。由此可知，电气设备的安装不当、误操作或设备本身缺陷是引发火灾的重要原因之一。因此，必须加强电气设备的防火。本节介绍核电厂电气设备防火措施。

4.2.3.1 照明设备的防火

照明设备是电能转变为光能的一种电气设备，常用的主要有白炽灯、日光灯、卤钨灯、高压汞灯、舞台聚光灯等，其火灾危险性是：

灯具表面高温和高温热辐射，容易烤着邻近可燃物；灯泡破碎，炽热灯丝能引燃可燃物。供电电压超过灯泡上所标的电压，大功率灯泡的玻璃壳受热不均，水滴溅在灯泡上等，都能引起灯泡爆碎。灯丝的温度较高，经过一段距离空气的冷却（灯泡距落地点的距离）仍有较高温度和一定的能量，能引起可燃物质的燃烧；灯头接触部分由于接触不良而发热或产生火花，以及灯头与玻璃壳松动时，拧动灯头而引起短路等，也有可能造成火灾事故；镇流器过热，能引起可燃物着火。镇流器正常工作时，因镇流器本身也耗电，具有一定的温度，如散热条件不好或与灯管匹配不合理以及其他附件发生故障时，内部温度升高破坏线圈的绝缘强度，形成匝间短路，则产生高温，将会使周围可燃物被烤着起火。可燃粉尘，可燃纤维积落在灯泡上，会被烤燃起火。

根据灯具使用场所、环境的火灾危险性，选择不同类型的照明灯具，如在室外应选用防水型灯具，有爆炸危险的场所，必须选用防爆型灯具，并应符合现场防爆要求。白炽灯、高压汞灯与可燃物之间的距离不应小于 50 cm，卤钨灯距可燃物则应大于 50 cm。卤钨灯管附近所用的导线，应采用以玻璃丝、石棉、瓷管等为绝缘的耐热线，而不应直接使用具有延燃性的绝缘导线，以免灯管的高温破坏绝缘层引起短路。严禁用纸、布或其他可燃物遮挡灯具。灯泡的正下方不准堆放可燃物品，仓库内的灯泡应安装在走道上方，可燃物料库内一般宜采用自然采光。如确需照明时，可采用 60 W 以下的灯泡，最好采用有玻璃护罩的灯具，但不准使用卤钨灯、日光灯以及 60 W 以上的白炽灯。镇流器安装时应注意通风散热，不准将镇流器直接固定在可燃天花板、柜台、展览橱窗内；镇流器与灯管的电压、容量必须相同、匹配。

4.2.3.2 电热设备的防火

电热设备种类繁多，型式各异，从工业企业到家庭到处都有电热设备。如电炉、电烘箱、电熨斗、电烙铁等都是电热设备。其危险性是：工作温度一般都很高，尤其是工业企业使用的大型电炉等，如果设备有缺陷、损坏或使用不当，出现热源泄漏会有较大的火灾危险；设备安置不当或电源导线过载，绝热、耐火材料损坏；在易燃、易爆危险场所使用开启式电热器具；电热设备电源导线规格、型号选用不正确、不合理；没有必要的隔热措施或电热元件发生短路等，使导线绝缘损坏，引起绝缘燃烧和短路起火。一些功率较小的电热器具，往往被人们所忽视，以致设备不加维护，操作使用时粗心大意，不严加管理，也容易酿成火灾。

工业用大型电热设备，应设置在一、二级耐火建筑内，小型电热设备应单独设在非燃烧材料的室内，并应采取通风散热、排风和防爆泄压措施。

电热设备的功率比较大，为防止线路过载，应采用单独的供电线路，应采用耐火耐热的绝缘材料的配线，并装设熔断器等保护装置。

工业用各种电热设备，应专人管理和制定安全操作规程，并严格遵守执行。

工业用各种电热设备，应装设有温度时间等控制和报警装置，并应严格控制运行时间和温度。

小型电热设备和电热器具，如电烘箱、电熨斗、电烙铁等，在使用和管理上，要注意防火安全，在电热设备通电使用时，不要轻易离开，应养成人走要切断电源的习惯。电热器具使用较多的单位，在下班后应有专人负责，切断总电源。

根据电热设备使用的性质，配备必要的灭火器材，以便在发生火灾初期能及时扑灭。

4.2.3.3 电焊设备的防火

电焊时，电弧温度可达 3 000～6 000 ℃，并有大量火花喷出，极易引起可燃物着火。焊件由于电焊，温度也很高，所以存在着很大的火灾危险性。

电焊设备应保持良好状态。电焊机和电源线的绝缘要可靠，焊接导线应采用紫铜芯线，并要有足够的截面，以保证在使用过程中不因过载而损坏绝缘。导线有残破时，应及时更换或处理。

电焊导线与电焊机、焊钳连接应用螺栓，应拧紧，并避开可燃和易燃易爆物。

进行电焊作业时，严禁利用厂房的金属构件、管道、轨道或其他金属物作导线使用。

4.2.4　厂房防火管理

厂房发生火灾的原因主要有：

1）生活和生产用火不慎；

2）违反安全生产制度；

3）电气设备设计、安装、使用和维护不当；

4）可燃物料自燃、雷击、静电火花、地震等引起的火灾；

5）人为纵火；

6）厂房布局不合理，结构材料选用不当。

建筑防火措施。为防止火灾蔓延并有助于灭火，应制定建筑防火措施。建筑防火措施包括对下述方面的要求：

1）厂房材料及建筑方法；

2）构筑防火区及防火小区；

3）设置烟雾排放装置；

4）设置疏散及进出通道。

在作核电厂厂房布置时，应将厂房的防火空间分隔和灭火要求一并考虑。

应为核电厂消防队提供灭火进出通道及操作区。

当新建核电机组靠近现有核电机组建造时，规划者要考虑建造现场的火灾风险。其施工组织设计绝对不允许威胁正在运行的核电机组的安全。

厂房防火管理内容有：

1）保持通道和出口畅通、无阻碍。防火门随时保持关闭，无损坏；

2）厂房照明、应急照明良好，安全疏散标志醒目；

3）消防器材保持在指定地点，标志明显，易于接近使用；

4）定期清扫厂房，及时清除废物，以保证厂房内没有未经同意存放的物料；

5）除了指定区域和场所外，禁止在工业厂房内吸烟，禁止厂区内游动吸烟；

6）厂房内设备、设施应运行良好，无损坏，无跑、冒、滴、漏现象；

7）物料、危险化学品存放应经同意许可，并按存放要求放置在规定的地方。

4.2.5　工作过程的防火管理

IAEA GS－G－3.5(2009)《核设施的管理体系》中5.180条规定："组织应建立和执行防火和消防过程以保护人员和物项。防火和消防过程应适合于核设施寿期中的阶段。"

工作过程的防火管理是防火安全的重要措施之一，它包括工作准备、工作执行及工作结束的防火管理。

(1) 工作准备的防火考虑

工作准备人员须在工作申请的准备过程中，对作业进行火灾风险分析。当涉及可燃易燃液体、气体和/或使用点燃源的作业(如在润滑油、燃油、氢气相关系统上的作业，或使用油漆、可燃清洗剂、焊接、切割、打磨、加热、烘烤等作业),必须给予特别关注。

依据分析结果,准备人员须在工作申请中写明作业应遵守的防火要求和其他注意事项(如需要办理动火证、特准危险化学品贮存点证书、现场物料临时存放点证书、作业前对消防相关系统可用性进行检查等)。

(2) 工作执行的防火管理

工作负责人必须遵循防火控制要求,如作业前按程序要求办理动火证、特准危险化学品贮存点证书、现场物料临时存放点证书等;还必须根据防火要求或指令准备好防火灭火器材(如防火布、油盘、吸油材料、灭火器、安全工具等),在工作执行中严格按程序/指令进行操作,并根据现场实际情况,落实现场的防火措施,对自己职责范围内活动的安全负责。

管理程序或运行规程指定的负责火灾风险分析的机组值长或其他人员,必须对有较大火灾/爆炸风险系统及设备的工作许可证申请进行专门的风险分析,严格做好计划、实施、验证防火防爆安全措施,诸如隔离、排空、泄压、吹扫和对消防相关系统可用性进行检查等。

(3) 工作结束的防火管理

作业完毕,工作负责人必须按防火管理要求清扫作业现场,尽量减少可燃物的积累,以降低火灾的发生概率和损害:

1) 每个班次工作结束后应及时清除易燃的废弃物料,渣土及碎片;

2) 检修作业后要及时清理现场,保持工完场清;

3) 为了安全运行,必要时应更为频繁地进行清理。

(4) 注意事项

1) 厂房内原则上只允许使用金属脚手架、脚手板,确需使用木质脚手板的,必须经阻燃处理;

2) 现场应使用合适的防火布,禁用石棉制品;

3) 现场使用可燃易燃液体时,应使用不易碎的、小口、有盖容器。非特殊需要,禁止使用玻璃容器。

4.2.6 防火屏障打开许可证

防火屏障是用于限制火灾后果的屏障,它包括墙壁、地板、天花板或封堵像门洞、闸门、贯穿件和通风系统等通道的装置。

核电厂设置防火屏障的目的在于环绕某一空间提供非能动边界,此屏障有能力承受和包容预计的火灾,并且不让此火灾蔓延至防火屏障非火灾侧的材料或物项,或不使这些材料和物项发生直接或间接损坏。要求在没有任何灭火系统动作的条件下防火屏障能履行这种功能。

防火屏障上孔洞的防火

(1) 总则

需要对防火区的防火屏障上孔洞采用特别的防火措施。防火门组件、防火阀、贯穿孔封堵装置等的耐火极限应与防火屏障的耐火极限要求一致,且应接受定期的检查和试验。

(2) 孔洞

如果其他的因素(如辐射防护、机械强度、安全性的考虑)降低了孔洞的耐火性,应提供其他的防火特性补偿降低了的耐火性。

(3) 防火门门洞

应对防火门门洞采取以下防火措施：

1) 防火屏障墙的所有门均应为防火门；

2) 每扇防火门均应明确可辨且作有标记；

3) 防火门应始终处于关闭状态；当需要保持打开时，则应安装火灾时可将门自动关闭的闭锁装置。

(4) 电缆及电缆管贯穿件

应对电缆及电缆管贯穿件采取以下防火措施：

1) 防火屏障上电缆或电缆管用孔洞应用耐火极限与防火屏障一致的装置或堵料封堵；

2) 电缆或电缆管的后续安装不得降低防火屏障的耐火性；

3) 电缆托架的设计应避免降低电缆贯穿件的耐火性；

4) 电缆或电缆管贯穿件应明确可辨且作有标记。

(5) 管道贯穿件

应对管道贯穿件采取以下防火措施：

1) 管路防火屏障上的孔洞应用耐火极限与该防火屏障要求一致的装置或堵料封堵，并应考虑管路因胀缩产生的移动；

2) 管路的后续安装不应降低防火屏障的耐火性；

3) 每个管路贯穿件应明确可辨且作有标记。

(6) 通风管道

应对通风管道采取以下防火措施：

1) 应为通风管道穿过防火屏障的孔洞提供防火阀；

2) 防火阀用易熔片启动自动关闭，可接受来自以下信号的控制：

① 火灾报警；

② 固定式灭火系统；

3) 应避免通风及排烟管路穿过其他防火区，在达不到这一要求时，风管应设有防火阀，其耐火极限应与被其贯穿的防火屏障的耐火极限一致；

4) 每个防火阀应明确可辨且作有标记。

(7) 接缝

应对接缝采取以下防火措施：

1) 应采用不燃性的材料建造接缝(包括抗震接缝)，接缝的耐火极限应与防火屏障的耐火极限一致；

2) 接缝中采用的填充材料，应使接缝在出现任何移动的情况下都可保持严密牢固。

各核电厂对在防火屏障穿孔、打开防火区竖井盖板及打开防火封堵、封套，持续打开防火门等防火屏障打开作业，制定和执行本单位防火屏障打开作业管理程序。

下面是中国核工业集团公司所属某一核电厂的防火屏障完整性的控制管理程序，该程序主要规定：

(1) 防火屏障的组成

防火屏障是指一道经设计和建造的实体间隔，用以分隔一个高火灾荷载和低火灾荷载的区域，或用来分隔与核安全有关的设备或区域。它包括：

1）活动的防火屏障：如防火门、防火阀、设备吊装孔盖板、设备运输孔道挡板。

2）固定的防火屏障：如防火墙壁、楼板、天花板、钢结构防火涂层、贯穿孔洞的防火封堵、阻火隔墙和电气系列防火包裹或防火挡板。

（2）防火屏障完整性规定

厂房内所有防火区的防火屏障完整性日常监督管理，以及影响防火区防火屏障完整性作业的监督控制都必须遵循《防火屏障完整性的控制管理程序》。防火屏障完整性控制具体要求如下：

1）厂房所有防火区的防火屏障必须始终保持其完整性，未经批准，任何人不得改变下列防火屏障状态：

① 防火门保持关闭，防火门五金配件及闭门器、防火密封条完整有效；

② 温控防火阀、特种平推式防火门、防火卷帘门活动区无阻碍物；

③ 楼板上的设备吊装孔盖板铺盖严密；

④ 墙壁上预留的设备运输孔道挡板安装严密；

⑤ 电缆、管道等贯穿孔洞防火封堵严密，防火堵料不脱落；

⑥ 钢结构防火涂层、电缆防火涂层、电气系列防火包裹、防火挡板、隔板等完整不脱落；墙壁、楼板、天花板预留孔洞封堵完整有效。

2）所有确因工作需要在以上防火屏障上实施变更或改造的，实施单位工作人员在开工前，应持批准的工作票到相应机组的保卫防火办证室办理《防火屏障完整性控制许可证》。

3）因工作需要短时间内改变防火屏障状态，有工作人员在现场监护的，无须办理《防火屏障完整性控制许可证》。工作结束后应恢复防火屏障的原状态。

4）所有的防火屏障经变更、改造后，基建处应当根据相应工作票执行防火屏障永久性封堵工作，并保证封堵质量；对于重要安全区域防火屏障开孔后的永久性封堵工作，还应当组织相关技术部门进行现场联合检查，确认封堵质量；不能立即恢复的，必须采取临时预防措施，列出恢复时间和计划。恢复工作结束后，终结《防火屏障完整性控制许可证》。

下面是另一核电厂《防火屏障完整性控制》程序的主要内容：

（1）本程序适用于本电厂的所有防火区，以及电厂内所有影响防火区屏障完整性的作业，包括：

1）防火区的活动式或固定式的防火屏障，例如墙壁、地面、天花板、防火门和防火挡板；

2）电缆、管道、门口和通风系统通过防火区的穿孔和封堵；

3）电气不同系列的分隔；

4）任何涉及并可能影响防火区完整性的防火屏障的维修或修改工作。

（2）有缺陷的防火屏障的控制

1）任何一个职工发现某一个防火区的防火屏障已不再有效，即不能阻碍火灾或其燃烧产物的蔓延，则应记录下其位置，填写工作申请，要求采取纠正行动。

2）运行工程师须审查此工作申请，并同维修处协调确定纠正行动的优先级别。

3）对于与核安全相关区域内的防火屏障的缺陷，其优先级别为立即行动，同时，当值的值长必须立即组织对区域的防火巡视，确保核电厂的安全。

4）维修处相关的工作准备部门应审查工作申请，准备技术指令和适当的许可证申请。

5）工作准备部门将工作指令交给负责执行此项工作的科室，由他们准备工作的实施。

6）隔离经理准备适当的许可证，在此之前由保卫处批准。

7）保卫处应审查工作申请，并确定各种必须采取的补救性防护措施，将其写在防火屏障穿孔许可证上。

8）有关的工作负责人必须保证在工作中使用符合设计和规范的材料和工作程序，同时落实许可证和防火屏障穿孔许可证上所规定的所有安全措施。

9）工作结束后，维修计划部门须根据规定协调做永久性封堵、再鉴定和定期试验。对于涉及防火屏障开孔的永久性封堵工作，工作结束后至少由运行处、维修处到现场联合检查，以确认其开孔已完全封堵。

（3）设备修改的控制

1）如果设备修改项目会影响核电厂防火区的完整性，在该项目的准备过程中，机动处应根据核电厂设备修改管理规定，将设备修改的有关文件复制一份给保卫处。

2）当核电厂主管领导批准了设备修改项目后，项目负责人在开始的防火屏障上工作前，必须提出工作申请。

3）所要求的修改工作则按上述（2）中的2）至9）的规定执行，该项目负责人则作为主要接口人。

（4）换料大修期间的控制

1）换料大修期间所有涉及或影响防火屏障的工作均必须按上述（2）或（3）规定执行。大修计划组则代替日常工作计划组，处理涉及防火屏障的工作申请。

2）在所有大修活动结束后，运行处、维修处、机动处、安防处和保卫处应对各厂房作全面检查，以确认所有防火区的完整性已满意地恢复到原来状态。

（5）记录

1）核电厂所有防火屏障的记录由维修处负责整理、更新。保卫处消防科存放一份复印件。

2）《防火屏障穿孔许可证》（见表4-2-3）则分别存放在隔离办和保卫处消防科，直至有关工作完成。

表4-2-3　防火屏障穿孔许可证（示例）

××××核电厂防火屏障穿孔许可证（示例）　　　　No

工作内容：		相关许可证号码： ☐ ☐
机组	厂房 标高	防火区
工作负责人：	处/或承包商：	电话：

续表

风险分析				
穿孔编号	位置	后果	开孔时间	持续时间
工作申请人：	工作指令批准人：		日期：	
保卫处消防科的建议及措施：				
保卫处消防科：		隔离经理：		
跟踪情况：				

分发：防火屏障穿孔许可证为三联单："红色页"交工作人；"白色页"交隔离办；"蓝色页"交保卫处消防科。

表4-2-4是中国核工业集团公司下属另一核电厂防火屏障打开许可证示例。

表4-2-4　防火屏障打开许可证（示例）

NN核电厂防火屏障打开许可证（示例）

申请编号（消防科填写）：			申请日期：			
申请单位：			申请人：		电话：	
项目及作业			项目负责人：　电话： 作业负责人：　电话：　（复印存查）			
屏障类型（门孔、封套）	位置	编号	是否防火区	打开日期	持续时间	备注
消防科工程师意见：		☐ 同意		签名/日期		指定传递路径
• 请现场服务科为新孔编号、登记、标注 • 开孔后及施工中止时用矿棉袋临时封堵 • 施工完毕立即通知开堵孔负责人 • 作业人员离开现场时恢复防火门正常关闭状态 • 一旦条件许可，尽早恢复关闭 • 将此证复印件挂在现场 • 由运行值安排每小时巡视一次 • 由作业组安排人员连续看守 • 其他：						
☐ 送现场服务科安排 ⇨		土建工程师/电话			指定开堵负责人/电话（持原件）	
☐ 送隔离办认可 ⇨		机组副值长：　（复印存查）			日期	
⇨ 上述防火屏障已正式关闭（封堵）			关闭（封堵）负责人：　（向下进行）			日期：
☐ 送隔离办清档 ⇨		机组副值长：　（清除复印件）				日期：
☐ 送现场服务科确认 ⇨		土建工程师：				日期：
⇨ 送回消防科						

4.2.7 消防措施的检查、维修和试验

HAD 102/11《核电厂防火》中 5.1.2(6) 规定:“必须制定措施,对火灾探测和灭火系统进行适当的在役检查和试验,对防火屏障、门、封堵构造等也要进行检查。”

HAD 103/10《核动力厂运行防火安全》对消防措施的检查、维修和试验作出如下规定:

为了对所有安全重要的消防措施(非能动和能动的,包括人工消防设备)进行适当的检查、维修和试验,应制定和实施全面的大纲。应确定大纲中专用的消防系统、设备、部件和应急程序并形成文件。当得不到这种文件时(如火灾危害性分析还未进行,且其他文件又不完整),应假定所有消防措施对安全是重要的,除非相反的假定能得到证明。

检查、维修和试验大纲应覆盖下述消防措施:

(1) 非能动防火区屏障和厂房结构部件,包括屏障贯穿件的密封;

(2) 防火屏障封闭物(如防火门和防火阀);

(3) 局部应用的分隔件(如阻燃涂层和电缆封套);

(4) 火灾探测和报警系统,包括易燃气体探测器;

(5) 应急照明系统;

(6) 消防水灭火系统;

(7) 供水系统,包括水源、供水和分配管道、切断阀和隔离阀及消防泵组件;

(8) 气体、泡沫和干粉等灭火系统;

(9) 便携式灭火器;

(10) 排烟和排热系统以及空气压缩系统;

(11) 在火灾事件中使用的通信系统;

(12) 人工消防设备,包括应急车辆;

(13) 放射性应用的呼吸器和防护衣;

(14) 消防人员进入和疏散途径;

(15) 应急程序。

在附录Ⅰ(注:见本教材表 4-2-5) 中提供了应对消防措施进行检查、维修和试验的更多信息。

表 4-2-5 消防措施的检查、维修和试验

本表提供了消防措施的检查、维修和试验的实例表。它给出了关于实际应用 HAD 103/10 提出建议的资料。执行所建议活动的频度将按制造厂的建议、国家的实际情况和具体的运行经验。

消 防 措 施	检查	维护	功能试验
1. 非能动防火设施			
1.1 防火屏障和厂房的结构件,包括防火墙、地板和天花板以及防火屏障贯穿件密封(机械的和电气的):			
(1) 总的状况和损坏或性能下降的征兆,没有未密封的开口。	×		
1.2 防火屏障封闭物(如防火门和防火阀):			
(1) 总的状况和损坏或性能下降的征兆,包括可能阻碍封闭的障碍物;	×		

续表

消 防 措 施	检查	维护	功能试验
(2) 部件可运行性;			×
(3) 自动封闭和锁紧机构。		×	×
1.3 局部应用的分隔件(包括耐火涂层、电缆包套和套管):			
(1) 总的状况和损坏或性能下降的征兆。	×		
1.4 在一个区域内对火灾荷载有影响的暂时的或贮存的可燃物料:			
(1) 总的贮存状况,遵守该区域允许火灾荷载。	×		
2. 火灾探测和报警系统			
2.1 火灾探测器(包括热、烟、火焰、气体取样和易燃气体探测器):			
(1) 总的状况和损坏或性能下降的征兆;	×		
(2) 灵敏度调整和定期清洗;		×	
(3) 设备可运行性和自动功能。			×
2.2 人工火警呼叫点:			
(1) 总的状况,包括可达性及损坏或性能下降的征兆;	×		
(2) 设备可运行性和报警功能。			×
2.3 火警控制盘			
(1) 总的状况,包括可达性和损坏或性能下降的征兆;	×		
(2) 设备可运行性和声光报警功能,包括自动功能。			×
2.4 电路			
(1) 总的状况和电缆绝缘及连接盒损坏或性能下降的征兆;	×		
(2) 电路完整性;			×
(3) 正常和备用电源。	×	×	
3. 应急照明			
(1) 总的状况和损坏或性能下降的征兆;	×		
(2) 光的照度和分布;			×
(3) 设备可运行性;			×
(4) 蓄电池(适用时)。	×	×	
4. 水基灭火系统			
4.1 喷水灭火系统,包括湿管、干管、雨淋灭火和预动作系统:			
(1) 总的状况和损坏或性能下降的征兆;	×		
(2) 管道和支承件的完整性;	×		
(3) 阀位置和可达性;	×		
(4) 阀和系统可运行性以及报警功能;		×	×
(5) 喷水受阻;	×		
(6) 管道或喷头的堵塞(如可能时用空气加压)。		×	×
4.2 泡沫——水灭火系统			
(1) 对机械部件,参看 4.1 节(适用时);	×		

续表

消　防　措　施	检查	维护	功能试验
(2) 泡沫浓缩液的数量；	×		
(3) 泡沫浓缩液的品质；			×
(4) 对电气部件，参看 2.1～2.4 节(适用时)；	×	×	×
(5) 人工启动方法的可达性；	×		
(6) 喷洒分布；	×		
(7) 管道或喷头的堵塞(如可能时用空气加压)。			×
5. 气体灭火系统			
(1) 总的状况和损坏或性能下降的征兆；	×		
(2) 管道和支承件的完整性；	×		
(3) 系统可运行性和报警功能；			×
(4) 有关部件(特别是喷放时间延迟)、通风联锁和非能动屏障封闭物(门和防火阀)的可运行性；			×
(5) 人工启动的可达性；	×		
(6) 被保护的隔间的密封；	×		×
(7) 气体量和压力；	×		
(8) 对电气部件，参看 2.1～2.4 节(适用时)；	×	×	×
(9) 管道或喷头的堵塞(用空气或气体加压)；		×	×
(10) 排出流受阻和喷头堵塞。	×		
6. 干粉灭火系统			
(1) 总的状况和损坏或性能下降的征兆；	×		
(2) 干粉的数量、质量、状况和压力；	×	×	
(3) 系统可运行性及报警功能；			×
(4) 对机械部件，参看 4.1 节(适用时)；	×	×	×
(5) 对电气部件，参看 2.1～2.4 节(适用时)；	×	×	×
(6) 人工启动的可达性；	×		
(7) 管道或喷头堵塞(如用空气加压)。			×
7. 供水			
7.1　水源			
(1) 总的状况和损坏或性能下降的征兆(适用时)；	×	×	
(2) 水容量和质量、阀；	×		
(3) 低水位报警功能(适用时)；			×
(4) 预防结冰的措施(适用时)。	×		
7.2　供水分配管道以及消防栓			
(1) 总的状况和损坏或性能下降的征兆(适用时)；	×		
(2) 可获得的水压和流量；			×
(3) 消防栓和阀的可达性和可运行性；	×	×	

续表

消 防 措 施	检查	维护	功能试验
(4) 阀位置和报警功能(适用时);	×		×
(5) 预防管道内部堵塞的措施;	×		×
(6) 消除水生物或生物的生长;	×	×	
(7) 预防结冰的措施(适用时)。	×		
7.3 消防泵组件			
(1) 总的状况和损坏或性能下降的征兆;	×		
(2) 消防泵组件,包括电源;		×	
(3) 消防泵组件(人工和自动)的可运行性,包括电源和报警功能;		×	×
(4) 消防泵的性能特性,包括流量和压力;			×
(5) 消防泵蓄电池(适用时);	×	×	×
(6) 非电驱动动力源的燃料数量和质量;	×		×
(7) 报警功能;			×
(8) 对电气部件,参看 2.1~2.4 节(适用时)。	×	×	×
7.4 出水管和水龙带卷筒/盘			
(1) 总的状况和损坏或性能下降的征兆;	×		
(2) 设备的可达性;	×		
(3) 管道和支承件的完整性;	×		
(4) 系统压力和流量;			×
(5) 阀和系统的可运行性和报警功能;		×	×
(6) 消防水龙带压力试验;			×
(7) 密封垫和水龙带重新装架(适用时);	×	×	
(8) 水龙带和水枪的可达性;	×		
(9) 预防内部堵塞的措施;	×		
(10) 水龙带直径和长度。	×		
8. 便携式灭火器			
(1) 总的状况和可达性以及损坏或性能下降的征兆;	×		
(2) 灭火介质的量和压力;	×	×	
(3) 对该场所灭火器类型的适宜性;	×		
(4) 灭火器容器的压力完整性。			×
9. 排烟及增压系统			
(1) 总的状况和损坏或性能下降的征兆,包括管道系统;	×		
(2) 风机和防火阀的可运行性及报警功能;		×	×
(3) 电源(适用时);			×
(4) 压力和流量;			×
(5) 人工启动的可达性;	×		
(6) 对电气部件,参看 2.1~2.4 节(适用时);	×	×	×

续表

消　防　措　施	检查	维护	功能试验
10. 在火灾事件中使用的通讯系统			
(1) 总的状况和损坏或性能下降的征兆；	×		
(2) 系统可运行性；			×
(3) 电气部件，参看 2.4 节(适用时)；	×	×	×
(4) 电源(适用时)。			×
11. 应急车辆和设备			
(1) 总的状况和损坏或性能下降的征兆；	×		
(2) 可运行性；		×	×
(3) 设备的存量。	×		
12. 消防人员进入和撤离路线			
(1) 总的状况和损坏或堵塞的征兆；	×		
(2) 出入门的可运行性；		×	×
(3) 进入及撤离路线的标识。	×		
13. 火灾应急程序的确认			
(1) 现行程序；	×	×	
(2) 用模拟方法进行应急程序的测试。			×

注：表中“×”表示需要进行的检查、维护和功能试验。

本表源自 HAD 103/10《核动力厂运行防火安全》的附录Ⅰ。

对安全重要的所有消防设施应确定其可用率的最低可接受水平并形成文件。对以该方式确定的每个消防设施都应确定临时补偿措施。在不能保持给定消防设施的可用率的最低可接受水平时，或确定消防设施不能运行时，就应临时实施这些补偿措施。应确定和审查要执行的补偿措施及其实施所允许的时间安排并形成文件。若无规定消防设施可用率的最低可接受水平，就应假定为 100%。

下面是中国核工业集团公司所属某一核电厂关于消防相关系统的定期试验和维修管理规定。

消防相关系统的定期试验，必须根据法律法规和设计文件建立消防相关系统的定期试验程序。消防相关系统的定期试验程序应符合《核安全相关系统与设备定期试验监督大纲管理》的相关规定，且消防相关系统的定期试验内容不少于《消防相关系统的定期检查、维修、试验内容参考》相关部分的规定。这些试验必须按规定的频度制订计划，按程序要求执行，根据标准评价。为确保满足这些要求，试验的责任部门必须保证试验计划、程序、报告的质量以及试验人员的资格和工具的有效性。在遵守《核安全相关系统与设备定期试验监督大纲管理》的前提下，根据现场的实践经验，可对试验的条件、周期、内容做适当的调整，以确保试验的有效性。

定期试验的分工如下：

1) 运行处：负责保护区内相关厂房消防系统(如主控室消防监控盘的监控，消防给水系统、自动喷淋水消防系统、自动气溶胶消防系统等)的运行、检查和定期试验(其他部门负责的专项试验除外)，并配合其他部门完成相关试验。

2) 仪控室：负责电站消防系统、设施的仪控部分(包括就地 RCD 及其回路上的探头，RCD 到对应的电磁阀、电动门的连线，NCC、FMS 等设备的功能实现，就地压力变送器，液位计，流量计，热电阻，热电偶等）的试验以及消防探测系统的定期检查、试验。

3）保卫处：负责 BOP 区域消防相关系统（除仪控部分）的定期试验。

消防相关系统的维修管理

对消防相关系统必须实施预防性维修，以保证其可靠性。维修责任处室应建立预防性维修大纲、规程、计划，规定维修的频率、内容、范围，消防相关系统的维修内容可参考《消防相关系统的定期检查、维修、试验内容参考》相关部分的规定。维修责任处室还应制定消防系统关键备品备件的清单，建立并维持最低库存。备品备件中包括用于定期更换的灭火剂。

必须对消防系统实施及时有效的纠正性维修。通常如果某一缺陷无法由补偿性措施有效地降低缺陷造成的影响，则消除此项缺陷的维修活动必须列为紧急活动。无论什么情况，至少采取工作二级来消除消防系统的缺陷。

4.2.8 消防检查

《中华人民共和国消防法》规定机关、团体、企业、事业等单位应当履行消防安全职责之一是："组织防火检查，及时消除火灾隐患"。

《机关、团体、企业、事业单位消防安全管理规定》规定：消防安全重点单位应当进行每日防火巡查，并确定巡查的人员、内容、部位和频次。巡查的内容应当包括：

（1）用火、用电有无违章情况；

（2）安全出口、疏散通道是否畅通，安全疏散指示标志、应急照明是否完好；

（3）消防设施、器材和消防安全标志是否在位、完整；

（4）常闭式防火门是否处于关闭状态，防火卷帘下是否堆放物品影响使用；

（5）消防安全重点部位的人员在岗情况；

（6）其他消防安全情况。

消防安全重点单位可以结合实际组织夜间防火巡查。防火巡查人员应当及时纠正违章行为，妥善处置火灾危险，无法当场处置的，应当立即报告。发现初起火灾应当立即报警并及时扑救。

防火巡查应当填写巡查记录，巡查人员及其主管人员应当在巡查记录上签名。

下面是中国核工业集团公司下属某一核电厂的消防检查规定：

（1）消防检查的形式

1）对电厂生产厂房进行每日消防巡查，及时发现和纠正设备管理、消防设施、人员行为等方面存在的隐患或缺陷；

2）对物料存放，易燃易爆危险化学品管理，油、氢系统运行，机组停堆停机后的再次启动等要求组织的，对厂房或消防设施系统的专项防火检查；

3）其他根据需要进行的专项防火检查及跟踪检查。

（2）消防检查的内容

消防检查的内容包含消防安全管理制度的制定和落实情况；职工及重点工种人员消防教育和消防培训情况；防火值班/巡逻人员在岗情况；重点防火区域/部位的管理情况；易燃易爆危险物品的使用管理情况和储存场所防火防爆措施的落实情况；消防档案的建立健全情况；定期防火检查、不定期防火检查、每日防火巡查的实施情况和记录情况；消防设施、消防器材的配置、管理和有效使用情况；消防通道畅通情况及疏散标志的设置情况；火源管理情况；用电安全情况；可燃物料管理（清理、隔离、防护）情况；安装施工工艺及系统调试过程中的火灾危险性分析情况和防火措施落实情况。

(3) 对查出违反规定行为的处置

电厂消防监督人员应根据检查中发现的隐患或缺陷的类型和严重程度等，酌情采用如下方式监督整改：

1) 现场纠正。一般适用于现场发现的，可当场改正的人员违章行为、作业区建立不规范、防火门违章打开等情况。

2) 电话或电子邮件。一般适用于厂房内有潜在火灾风险的介质跑、冒、滴、漏现象，消防系统和消防安全相关设备不正确的运行状态，物料、危险化学品的不当存放等。电话或电子邮件一般视情打给（发给）主控制室或相关责任处室的安全员，由其督促并反馈纠正行动。

3) 工作申请。一般适用于需维修部门采取纠正性维修或服务的消防系统设施故障、损坏、失压、标牌缺失等缺陷。一般由检查人通过电厂工作票申请系统提出并跟踪。

4)《火灾隐患限期改正通知书》。一般适用于无法或不宜通过电话、电子邮件或工作申请督促改正的，较为严重的火灾隐患或设备缺陷。《火灾隐患限期改正通知书》应在检查后48 h内，以传递、传真或行文形式发出，相关责任单位应在通知书规定的期限内落实纠正行动，并通过传递、传真或行文形式向保卫处反馈，消防监督人员收到反馈信息后，应在48 h内对整改情况进行复查并记录。

5) 内部行文。一般适用于涉及系统设施设计，需技术改造的或需协调多个处室共同解决的火灾隐患或缺陷。

6)《停工令》。适用于现场检查中发现的，如不立即加以控制，将可能导致火灾/爆炸事故的，严重威胁电厂和人员安全的火灾隐患。

4.2.9 核电厂机组大修期间的防火管理

机组大修期间有下列特点，给防火安全管理增加了难度：

(1) 在核电厂停堆大修时，为确保不丧失所有必要的安全功能，仍要求有最低数量的部件保持可运行；

(2) 与机组正常运行相比，机组大修期间，进入厂房的单位和人员多，作业区多且有交叉作业，动火作业点多，进入厂房的临时可燃物料多，这使厂房的火灾荷载和火灾危险性增加；

(3) 火灾自动报警系统、灭火系统和防火屏障的可用性降低，降低了灭火能力；

(4) 通常成立大修组织机构以履行大修职责。

为此，核电厂消防职能部门应按 HAD 103/10《核动力厂运行防火安全》规定：“在安全重要区域内的维修和修改活动中，应制定和实施对临时性火灾荷载提供有效控制的管理程序。这些程序应包括可燃固体、液体和气体、它们的包装物及其相对于其他危险物料（如氧化剂）的贮存位置。还应包括一个颁发工作许可证的程序”制定和有效实施适用于机组大修期间的可燃物料管理程序，以使该区域中临时的可燃物料（非永久性的），特别是包装材料的量减到最少，使该区域中可燃物料的总火灾荷载仍保持合理可行尽量低。

在包含安全重要物项的区域，涉及使用潜在点燃源或可能会产生点燃源的工作，都应在仔细考虑可能的安全后果之后才能允许进行。例如，可能禁止在安全重要功能的多重部件上或在包含这些部件的区域同时做这样的工作。

有关点燃源和可燃物料的控制更详细的要求见本教材 4.2.1.2 节和 4.2.2.1 节。

此外，还必须制定适合于大修期间的行政管理程序，包括明确各施工承包商的防火安全责任并加强外部接口管理，加强现场检查、监督，及时清理工作场地的废弃物，保持消防通道畅通等。

下面是中国核工业集团公司下属某一核电厂机组大修期间防火安全管理要点：

机组大修期间，所有设备检修现场的防火工作实行工作负责人负责制；由承包商负责检修区域的防火安全实行“谁承包，谁负责”制。各个检修现场工作负责人或承包单位工作负责人必须认真落实防火安全措施，严密做好火灾预防工作。

在大修机组设立《动火证》和《可燃物料许可证》办证点和临时灭火器材领用点，配专职消防监督人员加强动火作业区、易燃物使用的事前、事中、终结监督检查和对所有检修工作区域防火安全进行巡视检查。

大修现场需要设立临时可燃物料存放点和废旧易燃、可燃物回收点的，必须事先按管理程序规定的流程申报，经审核批准后方可设点，并指定看管人员。大修结束或有效期到期，该点立即撤销。

4.2.10 消防绩效目标控制

绩效目标：是对核电厂在某领域绩效的高标准要求，也是核电厂通过持续改进而达到的目标(EJ/T 1207—2006《核电厂运行绩效评估准则》)。应将绩效目标用作核电厂有关人员提高绩效和安全的工具。

在世界核电营运者协会(WANO)的文件《绩效目标和准则》中已将消防领域作为核电厂运行有关 10 个领域的绩效目标之一。

EJ/T 1207—2006 规定了核电厂运行有关 10 个领域的绩效目标。消防领域是其中之一且由下列 6 个子领域的绩效目标组成。EJ/T 1207—2006 还对每个子领域的绩效目标提供了若干评估准则，用于对该绩效目标的支持。

(1) 消防组织与管理绩效目标

消防管理者通过引导、承诺和示范，建立高标准的绩效目标，使各项消防活动能协调一致地有效实施和控制。

(2) 消防人员的知识和技能绩效目标

通过培训和授权，使消防人员不仅能掌握必备的知识和技能，并且能将这些知识和技能运用于消防活动中，最终实现核电厂的安全、可靠运行。

(3) 普通员工的消防知识绩效目标

核电厂员工、承包商和来访人员通过有效的方式掌握与他们工作有关的必要的消防实践知识。

(4) 消防工作实践绩效目标

核电厂消防工作实践和状况满足高度安全的要求。

(5) 消防监督和试验及维修大纲绩效目标

消防监督、试验和维修大纲保证消防设施性能和可靠性的最优化。

(6) 消防设施和设备绩效目标

消防设施和设备具有相应的性能和能力，尽可能降低火灾发生的概率和后果。

复习思考题

1. 核电厂发生火灾的原因是什么？

2. 简述《中华人民共和国消防法》第二十一条规定。

3. 简述《机关、团体、企业、事业单位消防安全管理规定》第二十条规定。

4. 简述 HAD 103/10《核动力厂运行防火安全》对点燃源的控制的规定。

5. 简述 HAD 103/10《核动力厂运行防火安全》对可燃物料的管理的规定。

6. 简述工作过程的防火管理。

7. 简述 HAD 103/10《核动力厂运行防火安全》对消防措施的检查、维修和试验的规定。

8. 简述 EJ/T 1207—2006《核电厂运行绩效评估准则》的消防领域的绩效目标。

第五章 灭 火

5.1 灭火基本原理

5.1.1 概述

根据物质燃烧条件可以看出,任何可燃物料产生燃烧或持续燃烧都必须具备燃烧的必要条件和充分条件。灭火就是破坏燃烧条件使燃烧反应中止(只要切断燃烧条件中的任何一项,燃烧就不可能继续进行)。由此可以从移走可燃物料,限制助燃物(氧化剂)和降低着火区温度等方面考虑灭火。常见的灭火方法有冷却灭火、窒息灭火、覆盖灭火(隔离)、化学抑制灭火。

5.1.2 冷却灭火

对一般可燃物料而言,它们之所以能够持续燃烧,其条件之一就是它们在火焰或热的作用下,达到了各自的着火温度。因此,对于一般可燃固体,将其冷却到其燃点以下;对于可燃液体,将其冷却到闪点以下,燃烧反应就会中止。将邻近火场的可燃物料温度降低,避免形成新的燃烧条件。如用水扑灭一般固体物质的火灾,主要是通过冷却作用来实现的。因为水能够大量吸收热量,使正在燃烧的物质的温度迅速降低,最后导致燃烧终止。

5.1.3 窒息灭火

窒息灭火法就是消除助燃物(氧化剂)或将氧气浓度降低到可燃物料燃烧所需的氧浓度以下,使燃烧停止。一般碳氢化合物的气体或蒸汽通常在氧浓度低于15%时不能维持燃烧。窒息灭火一般是通过使用能降低氧浓度的气体诸如二氧化碳、氮气、水蒸气等来稀释氧浓度从而达到灭火的目的,此法多用于密闭或半密闭空间。

5.1.4 隔离灭火

可燃物料是燃烧条件中的主要因素,如果把可燃物料与点燃源(火场)以及氧隔离开来,那么燃烧反应就会自动中止。例如装盛可燃气体/液体的容器或管道着火或容器管道周围着火,应立即:

(1) 关闭有关阀门,切断流向着火区的可燃气体和液体的通道;

(2) 打开有关阀门,使已经发生燃烧的容器或受到火势威胁的容器中的液体可燃物通过管道导致安全区域;

(3) 阻挡正在流散的可燃液体进入火场,拆除与火源毗邻的易燃建筑物。

这些都是隔离灭火的措施,这样,残余可燃物烧尽后,火也就自熄了。

此外,用喷洒灭火剂的方法,把正在燃烧的可燃物同氧和热隔离开来,也是通常采用的一种灭火方法。例如,泡沫灭火剂灭火,就是用产生的泡沫覆盖于正在燃烧的液体或固体的表面，在冷却作用的同时，把可燃物与火焰和空气隔开，达到灭火的目的。

5.1.5　化学抑制灭火

物质的有焰燃烧中的氧化反应，都是通过链式反应进行的。碳氢化合物的气体或蒸汽在热和光的作用下，分子被活化，分裂出活泼氢自由基 H·，H·与氧作用生成 H·、OH·、O·等自由基成为链式反应的媒介物使反应迅速进行。对于含氧的化合物，燃烧的速度决定于 OH·的浓度和反应的压力。对于不含氧的化合物，O·的浓度决定了燃烧的速度。因此，若能够有效地抑制自由基的产生或者能够迅速降低火焰中 H·、OH·、O·等自由基的浓度，则燃烧就会中止。有些灭火剂就是根据这种原理制成的，如干粉灭火剂，其表面能够捕获 OH·和 H·自由基使之结合成水，使燃烧中的自由基浓度急剧下降，导致燃烧的中止。

5.2　常见的灭火剂及其适用范围

5.2.1　概述

能够有效地破坏燃烧条件，中止燃烧的物质称为灭火剂（GB 5907—86《消防基本术语　第一部分》，4.1）。

为能迅速扑灭核电厂发生的火灾，应按现代的防火技术水平、核电厂工艺过程特点，以及以下 3 个方面考虑选择灭火剂：

(1) 根据火灾的特点；

(2) 考虑灭火剂对所涉及设备的影响，例如可连续的运行性，浸蚀损坏，过压，热冲击，易清除性等；

(3) 对人员健康危害性。

常见的灭火剂有水、泡沫、干粉、二氧化碳和七氟丙烷灭火剂（卤代烷灭火剂的替代品之一种）。水基灭火剂是核电厂用灭火剂的首选。

5.2.2　水灭火剂

水在常温下具有较低的黏度、较高的热稳定性、较大的密度和较高的表面张力，是一种古老而又使用范围广泛的天然灭火剂，它的主要优点是灭火性强、价廉、易于获取和储存。水主要灭火机理有冷却作用，稀释作用，冲击作用。

水具有较大的潜化热和汽化热，可利用自身吸收显热和潜热的能力发挥冷却灭火的作用，是其他灭剂无法比拟的。

此外，水被汽化后形成的水蒸气为惰性气体，且体积将膨胀 1 700 倍左右。在灭火时，由水汽化产生的水蒸气将占据燃烧区域的空间、稀释燃烧物周围的氧含量，阻碍新鲜空气进入燃烧区，使燃烧区内的氧浓度大大降低，当水蒸气浓度达到 35%时，可使燃烧熄灭。

当水呈喷淋或喷雾状时，形成的水滴和雾滴的比表面积将大大增加，增强了水与火之间的热交换作用，从而强化了其冷却和窒息灭火的作用。另外，对一些易溶于水的可燃、易燃液体还可起稀释作用；采用强射流产生的水雾可使可燃、易燃液体产生乳化作用，使液体表面迅速冷却、可燃蒸汽产生速度下降而达到灭火的目的。

水可扑灭下列火灾:适用于扑救一般建筑物火灾,常见固体物质如木柴、煤炭、纸张等固体可燃物质火灾。

不可扑救下列物质火灾:

1) 碱金属(如钾、钠)火灾。水遇碱金属后发生剧烈化学反应,产生氢气和热量,容易爆炸。

2) 金属碳化物、氢化物火灾(如碳化钙,即电石产生乙炔和热量,容易爆炸)。

3) 硫酸、硝酸、盐酸火灾。硫酸、硝酸、盐酸遇水冲击,引起飞溅,流出伤人。

4) 比水轻或不溶于水的易燃液体火灾,液体随水蔓延,火灾蔓延。

5) 高压电气装置火灾,易产生触电。

但是使用高压喷雾水可以扑灭下列火灾:

1) 硫酸、硝酸、盐酸火灾。

2) 高压电气装置火灾。

5.2.3 泡沫灭火剂

泡沫灭火剂是与水混溶,通过化学反应或机械方法产生泡沫进行灭火的药剂(GB 5907—86,4.3)。一般由化学物质、水解蛋白或由表面活性剂和其他添加剂的水溶液组成。通常有化学泡沫灭火剂,机械胨基泡沫灭火剂、洗涤剂泡沫灭火剂。泡沫是通过专用设备与水按规定的比例混合、稀释后与空气或其他气体混合形成的有无数气泡的集聚状态。

化学泡沫是一种碱性盐溶液和一种酸性盐溶液混合后发生化学反应产生的灭火泡沫(GB 5907—86,4.3.1)。用碳酸氢钠和硫酸铝的水溶液在泡沫发生器内反应产生的,构成泡沫的气泡为二氧化碳。这种灭火剂通常用于灭火器中。机械胨基泡沫是由化学剂(主要有蛋白、氟蛋白泡沫液等)的水溶液用机械的方式产生的泡沫。洗涤剂泡沫是对含石油洗涤剂2%~3%的水溶液进行机械充气产生的一种低黏度泡沫。洗涤剂泡沫液比胨基泡沫液便宜,但稳定性差。

目前,在灭火系统中使用的泡沫主要是空气机械胨基泡沫。按发泡倍数可分为3种:发泡倍数在20倍以下的称为低倍数泡沫;在21~200倍之间的称为中倍数泡沫;在201~1 000倍之间的称为高倍数泡沫。

泡沫灭火剂灭火主要依靠冷却、覆盖窒息作用,即在着火燃料表面上形成一个连续的泡沫层,通过泡沫本身和所析出的混合液对燃料表面进行冷却,以及通过泡沫层的覆盖作用使燃料与氧气隔绝而灭火。此外,在灭火过程中,泡沫可使已被覆盖的燃料表面与尚未被泡沫覆盖的燃料的火焰隔离开来,既防止火焰与已被覆盖的燃料表面直接接触,又可遮断火焰对此部分燃料表面的热辐射,有助于强化冷却和窒息作用。一般泡沫的覆盖厚度不小于30 cm。

泡沫灭火剂适用范围:

低倍数泡沫适用:甲、乙、丙类液体,不适用于船舶、海上石油平台及储存液化烃的场所。

中倍数泡沫适用:A类、B类火灾,封闭的带电设备及液化石油气、液化天然气流火灾。不适用于醇类、酮类、醚类水溶性液体及带电设备忌水物质火灾。

高倍数泡沫适用:同中倍理解。

5.2.4　干粉灭火剂

干粉灭火剂是用干燥的、且易于流动的细微粉末，一般以粉雾的形式灭火。它由具有灭火效能的无机盐和少量的添加剂经干燥、粉碎、混合而成细微固体粉末组成。它是一种在消防中得到广泛应用的灭火剂，主要用于灭火器中。除扑灭金属火灾的专用干粉化学灭火剂外，干粉灭火剂一般分 BC 干粉和 ABC 干粉两大类，如碳酸氢钠干粉、改性钠盐干粉、钾盐干粉、磷酸二氢铵干粉、磷酸氢二铵干粉、磷酸铵盐干粉和氨基干粉灭火剂等。

干粉灭火剂主要通过在加压气体作用下喷出的粉雾与火焰接触、混合时发生的物理、化学作用灭火。一是靠干粉中的无机盐的挥发性分解物，与燃烧过程中燃料所产生的自由基或活性基团发生化学抑制和副催化作用，使燃烧的链反应中断（消除燃烧反应自由基）而灭火；二是靠干粉的粉末落到正在燃烧的可燃物表面上，发生化学反应，并在高温作用下形成一层玻璃状覆盖层，从而隔绝氧、进而窒息灭火。另外，还有部分稀释氧和冷却作用。

适用范围：适用于扑灭 A、B、C 类火灾，但不能扑灭金属火灾，使用中应注意防止复燃。

5.2.5　二氧化碳灭火剂

二氧化碳灭火剂是指用于灭火的二氧化碳，也是一种具有百多年历史的天然灭火剂，且价格低廉，获取、制备容易，但灭火浓度较高，在灭火浓度下会使人员受到窒息毒害。早期主要用于灭火器中，其后逐步发展到固定灭火系统中。现在，国内二氧化碳灭火剂是在灭火器和灭火系统中使用量都较大的气体灭火剂。

二氧化碳灭火主要依靠窒息作用、部分冷却作用和稀释作用。

二氧化碳具有较高的密度，约为空气的 1.5 倍。在常压下，液态的二氧化碳会立即汽化。一般 1 kg 的液态二氧化碳可产生约 0.5 m^3的气体。因而，灭火时，二氧化碳气体可以排除空气而包围在燃烧物体的表面或分布于较密闭的空间中，降低可燃物周围或防护空间内的氧浓度。当二氧化碳浓度达到 30%～35%时可产生窒息作用而灭火。另外，二氧化碳从储存容器中喷出时，会由液体迅速汽化成气体，而从周围吸收部分热量，起到冷却的作用。

适用范围：B 类、C 类火灾，带电设备与电气线路火灾。气体火灾应有切断气源措施，防二次火灾或爆炸。二氧化碳不能扑灭金属钾、钠、铝火灾，也不易扑灭某些物质（如棉花）内部的阴燃。

5.2.6　七氟丙烷灭火剂

七氟丙烷是一种无色无味的气体状态的卤素碳（halocarbon），七氟丙烷的无毒性反应浓度（NOAEL 浓度，观察不到由灭火剂毒性影响产生生理反应的灭火剂最大浓度）为 9%和有毒性反应浓度（LOAEL 浓度，能观察到由灭火剂毒性影响产生生理反应的灭火剂最小浓度）为 10.5%，不导电。

七氟丙烷灭火剂是一种以化学灭火为主，兼有物理灭火作用的洁净气体灭火剂；它不污染被保护对象，不会对财物和精密设施造成损坏；能以较低的灭火浓度，可靠的扑灭 B、C 类火灾及电器火灾；储存空间小，临界温度高，临界压力低，在常温下可液化储存；释放后不含粒子或油状残余物，七氟丙烷不含有氯或溴，对大气臭氧层无破坏作用（ODP 值为零），在大气层停留时间为 31～42 年，符合环保要求。所以被用来替换对环境危害的卤代烷灭火剂中的 1211 灭火剂和 1301 灭火剂。

七氟丙烷虽在室温下比较稳定，但在高温下仍然会分解，并产生氟化氢，产生刺鼻的味道。其他燃烧产物还包括一氧化碳和二氧化碳。

接触液态七氟丙烷可以导致冻伤。

灭火剂七氟丙烷（HFC227ea）的化学分子式为 CF_3CHFCF_3，其质量应符合表 5-2-1 技术指标。

表 5-2-1　七氟丙烷灭火剂技术性能

性　　能	技　术　指　标
纯度	≥99.6%（质量分数）
酸度	≤3^{-6}（质量分数）
水含量	≤10^{-6}（质量分数）
不挥发残留物	≤0.01%（质量分数）
悬浮或沉淀物	不可见

注：本表源自 GB 50370—2005《气体灭火系统设计规范》。

上述 5 种灭火剂的适用范围，见表 5-2-2。

表 5-2-2　灭火剂的适用范围

灭火剂类别 火灾类别	水剂	泡沫	干粉	二氧化碳	七氟丙烷
A 类如木材、纸、织物	√	√	√		
B 类 易燃液体	雾状水	√	√	√	√
C 类 易燃气体	冷却容器		√	√	√
D 类 如铝制电缆			√		
电器装置			√	√	√
注意事项	切勿用于电器火灾或直流水用于液体火灾	切勿用于电器火灾	防止复燃	不能扑救铝制电缆火灾，密闭火灾谨防危险气体中毒或窒息	

5.3　常见灭火器的使用方法

5.3.1　灭火器的种类

灭火器是指由筒体、器头、喷嘴等部件组成，借助驱动压力可将所充装的灭火剂喷出灭火的器具。

灭火器的种类：

(1) 按充装灭火剂的类型分类

按充装灭火剂的类型可划分为：① 水型灭火器；② 空气泡沫灭火器；③ 干粉灭火器；④ 七氟丙烷灭火装置；⑤ 二氧化碳灭火器。

(2) 按灭火器的重量和移动方式分类

按灭火器的重量和移动方式划分为：① 手提式灭火器。总重在 28 kg 以下，容量在 10 kg(升)左右，是能用手提的灭火器具。② 背负式灭火器。总重在 40 kg 以下，容量在 25 kg(升)以下，是用肩背着的灭火器具。③ 推车式灭火器。总重在 40 kg 以下，容量在 100 kg(升)以内，装有车轮等行驶机构，由人力推(拉)着灭火的器具。

(3) 按灭火器的驱动形式分类

按灭火器的驱动形式划分为：① 贮气瓶式灭火器。这类灭火器中的灭火剂是由一个专门贮存压缩气体或液化气体驱动的。② 贮压式灭火器。这类灭火器中的灭火剂是由与其同贮于一个容器内的压缩气体或灭火剂蒸汽的压力驱动的。

(4) 按灭火器适宜扑灭的火灾类型分类

按灭火器适宜扑灭的火灾类型划分为 4 类：① 用于扑灭 A 类物质的火灾称为 A 类灭火器；② 用于扑灭 B 类和 C 类物质的火灾，称为 B、C 类灭火器；③ 用于扑灭 D 类物质的火灾称为 D 类灭火器；④ 适用扑灭 ABCD 类火灾的灭火器称为通用灭火器。

应根据灭火器材的使用特点对手提式灭火器及推车式灭火器进行布置，安装，检查，维修和试验。灭火器应可识别并作有标记。

标记应清楚地标明每个手提式灭火器和推车式灭火器的配置位置，并简明地指示该灭火器适用的火灾类型。

5.3.2　常见灭火器的构造和使用方法

5.3.2.1　水型灭火器

水型灭火器是指内部充入的灭火剂是以水为基料的灭火器，如清水灭火器、强化液灭火器。

(1) 构造

清水灭火器由筒体、筒盖、二氧化碳贮气瓶、喷射系统和开启机构等组成。

(2) 使用方法

将清水灭火器提至火场，在距离燃烧物约 10 m 处，将灭火器直立放稳。摘下保险帽，用手掌拍击开启杆顶端的凸头。这时贮气瓶的密膜片被刺破，二氧化碳气体进入筒体内，迫使清水喷嘴喷出，此时应立即一只手提起灭火器，另一只手托住灭火器的底圈，将喷射的水流对准燃烧最猛烈处喷射。随着灭火器喷射距离的缩短，操作者应逐渐向燃烧物靠近，使水流始终喷射在燃烧处，直到将火扑灭。在喷射过程中，灭火器应始终与地面保持大致的垂直状态，切勿颠倒或横卧，否则会使加压气体泄出而灭火剂不能喷射。

5.3.2.2　空气泡沫灭火器

空气泡沫灭火器是指充装了空气泡沫灭火剂的灭火器，可分为蛋白泡沫灭火器(充装主要由天然蛋白质的水解产物制成的泡沫液，并含有稳定剂、防冻剂、缓蚀剂、防腐剂和黏度控制剂等添加剂——蛋白泡沫液)、氟蛋白泡沫灭火器(充装以蛋白泡沫液为基料添加适当的氟碳表面活性剂制成的泡沫液——氟蛋白泡沫液)、水成膜泡沫灭火器(充装由氟碳表面活性剂，无氟表面活性剂和改进泡沫性能的添加剂及水制成的一种合成发泡剂，产生的灭火泡沫除具有一般泡沫的特性外又可在可燃液体表面形成一个抑制可燃液体蒸发的水膜——成膜泡沫液)和抗溶泡沫灭火器(充装用于扑救水溶性可燃液体火灾的泡沫液——抗溶泡沫液)等。

(1) 构造

空气泡沫灭火器在我国使用还不普遍,目前生产使用的有水成膜泡沫灭火器和合成泡沫灭火器等,其结构除喷射系统中的空气泡沫喷枪不同外,其余结构如筒体、器头、开启机构、卸压装置等构造与水型灭火器基本相同。

(2) 使用方法

空气泡沫灭火器在使用时,应手提灭火器提把迅速赶到火场。在距燃烧物 6 m 左右,先拔出保险销,一手握住开启压把,另一手握住喷枪,紧握开启压把,将灭火器密封开启,空气泡沫即从喷枪喷出。泡沫喷出后应对准燃烧最猛烈处喷射。如果扑灭的是可燃液体火灾,当可燃液体呈流淌状燃烧时,喷射的泡沫应由远而近地覆盖在燃烧液体上;当可燃液体在容器中燃烧时,应将泡沫喷射在容器的内壁上,使泡沫沿壁淌入可燃液体表面而加以覆盖。应避免将泡沫直接喷射在可燃液体表面上,以防止射流的冲击力将可燃液体冲出容器而扩大燃烧范围,增大灭火难度。灭火时,应随着喷射距离的减缩,使用者逐渐向燃烧处靠近,并始终让泡沫喷射在燃烧物上,直至将火扑灭。在使用过程中,应一直紧握开启压把,不能松开。也不能将灭火器倒置或横卧使用,否则会中断喷射。

(3) 维修保养

① 灭火器安放位置应保持干燥、通风,防止筒体受潮;应避日光暴晒及强辐射热的作用,以免影响灭火器的正常使用。② 灭火器的存放环境温度应在 4～45 ℃范围内。③ 灭火器应按制造厂规定的要求和检查周期进行定期检查,且检查应由经过训练的专人进行。④ 灭火器一经开启,即使喷出不多,也必须按规定要求进行再充装。再充装应由专业部门按制造厂规定的要求和方法进行,不得随便更换灭火剂品种、重量和驱动气体种类及压力。⑤ 灭火器每次再充装前,其主要受压部件,如器头、筒体应按规定进行水压试验,合格者方可继续使用。水压试验不合格,不准用焊接等方法修复使用。⑥ 经维修部门修复的灭火器,应有消防监督部门认可标记,并注上维修单位的名称和维修日期。

5.3.2.3 干粉灭火器

干粉灭火器按移动方式分为手提式、推车式和背负式 3 种;按加压方式分为贮压式和贮气瓶式两种。贮压式干粉灭火器的加压气体一般为压缩氮气或空气。贮气瓶式干粉灭火器充装的是加压液化二氧化碳。按照贮气瓶的位置,贮气瓶式干粉灭火器可分为内装式和外置式两种。

(1) 手提式干粉灭火器

1) 构造

内装式干粉灭火器由筒体、筒盖、贮气钢瓶、喷射系统的开启机构等部件组成,外置式干粉灭火器,主要由筒身和外部钢瓶组成,贮压式干粉灭火器由筒体、筒盖、喷射系统和开启机构等部件组成,其结构简单,无贮气瓶和出气管。为了显示压力,设有一块压力表。

2) 使用方法

使用手提式干粉灭火器时,应手提灭火器的提把,迅速赶到火场,距离起火点 5 m 左右处,放下灭火器,在室外使用时注意占据上风方向。使用前先把灭火器上下颠倒几次,使筒内干粉松动,如果使用的是内装式或贮压式干粉灭火器,应先拔下保险销,一只手握住喷嘴,另一只手用力按下压把,干粉便会从喷嘴喷射出来。如果使用的是外置式干粉灭火器,应一只手握住喷嘴，另一只手提起提环，握住提柄，干粉便会从喷嘴喷射出来。干粉灭火器在喷粉灭火过程中应始终保持直立状态，不能横卧或颠倒使用，否则不能喷粉。

3）维修保养

灭火器一经开启必须进行再充装，再充装应由经过训练的专人按制造厂的规定要求和方法进行，不得随便更换灭火剂的品种和重量，充装后的贮气瓶，应进行气密性试验，不合格的不得使用。

灭火器满五年或每次再充装前，应进行 1.5 倍设计压力的水压试验，合格的方可使用，经修复的灭火器，应有消防监督部门认可的标记，并注明维修单位名称和修复日期。

（2）推车式干粉灭火器

1）构造

推车式干粉灭火器采用贮气瓶加压方式，它由筒体、筒盖、贮气瓶、行驶系统、喷射系统和开启机构等组成。其贮气瓶有两种设置形式，内装式和外置式。

2）使用方法

推车式干粉灭火器一般由两人操作。使用时应将灭火器迅速拉到或推到火场，在离起火点 10 m 处停下，一人将灭火器放稳，然后拔出保险销，迅速打开二氧化碳钢瓶；另一人取下喷枪，展开喷射软管，然后一手握住喷枪枪管，另一只手钩动扳机。将喷嘴对准火焰根部，喷粉灭火。

3）维护检查

① 检查车架的转动部件是否松动，操作是否灵活可靠。② 经常检查干粉有无结块现象，如发现有结块时，应立即更换灭火剂。③ 定期检查二氧化碳气体重量，如发现重量减少 1/10 时，应立即补气。④ 检查密封件和安全阀装置，如发现事故须修复，待修好后方可使用。⑤ 满五年，干粉贮罐须经 2 500 kPa 水压试验；二氧化碳钢瓶经 22.5 MPa 的水压试验，合格后方可继续使用。以后每隔两年，必须进行水压试验等检查。

5.3.2.4　二氧化碳灭火器

（1）手提式二氧化碳灭火器

1）构造

手提式二氧化碳灭火器由钢瓶、瓶头阀和喷射系统组成。

2）使用方法

使用时，可手提灭火器的提把，或把灭火器扛在肩上，迅速赶到火场。在距起火点大约 5 m 处，放下灭火器，一只手握住喇叭形喷筒根部的手柄，把喷筒对准火焰，另一只手压下压把，二氧化碳就喷射出来。

当扑灭流散液体火灾时，应使二氧化碳射流由近而远向火焰喷射，如果燃烧面积较大，操作者可左右摆动喷筒，直至把火扑灭。当扑灭容器内火灾时，操作者应从容器上部的一侧向容器内喷射，但不要使二氧化碳直接冲击到液面上，以免可燃物冲出容器而扩大火灾。

3）注意事项

① 灭火器在喷射过程中应保持直立状态，切不可平放或颠倒使用；② 当不戴防护手套时，不要用手直接握喷筒或金属管，以防冻伤；③ 在室外使用时应选择在上风方向喷射，在室外大风条件下使用时，因为喷射的二氧化碳气体被吹散，灭火效果很差；④ 在狭小的室内空间使用时，灭火后操作者应迅速撤离，以防被二氧化碳窒息而发生意外；⑤ 用二氧化碳扑灭室内火灾后，应先打开门窗通风，然后再进入，以防窒息。

（2）推车式二氧化碳灭火器

1）构造

推车式二氧化碳灭火器与手提式的基本相同，主要不同点在于多了一个固定和运送灭火器的推车；开启机构全采用手轮式。在瓶头阀上装一个安全帽。

2）使用方法

使用时，一般应由两人操作。先把灭火器拉到或推到火场，在距起火点大约 10 m 处停下，一人迅速卸下安全帽，然后逆时针方向旋转手轮，把手轮开到最大位置。另一人则迅速取下喇叭喷筒，展开喷射软管后，双手紧握喷筒根部的手柄。把喇叭喷筒对准火焰喷射，其灭火方法与手提式灭火器相同。

3）维护保养

① 二氧化碳灭火器不应放置在采暖或加热设备附近和阳光强烈照射的地方，存放温度不宜超过 42 ℃。② 每年检查一次重量，手提式灭火器的年泄漏量不得大于灭火剂额定充装量的 5％或 50 g（取两者中的较小者）；推车式灭火器的年泄漏量不得大于灭火剂充装量的 5％。超过规定泄漏量的，应检修后按规定的充装量重灌。③ 满五年进行一次水压试验，合格后方可使用。以后，每隔两年，必须进行试验等检查。④ 灭火器一经开启，必须重新充装，其维修及再充装应由专业单位承担。在搬运过程中应轻拿轻放，防止撞击。

5.3.2.5 七氟丙烷灭火装置

七氟丙烷灭火装置主要有悬挂式七氟丙烷灭火装置、七氟丙烷灭火系统。

七氟丙烷灭火系统分为管网灭火系统（按一定的应用条件进行设计计算，将灭火剂从储存装置经由干管支管输送到喷放组件实施喷放的灭火系统）、预制灭火系统（按一定的应用条件，将灭火剂储存装置和喷放组件等预先设计、组装成套且具有联动控制功能的灭火系统）和组合分配系统（用一套气体灭火剂储存装置通过管网的选择分配，保护两个或两个以上保护区的灭火系统）。

七氟丙烷灭火系统可用于扑救下列火灾：电气火灾；液体火灾或可熔化的固体火灾；固体表面火灾；灭火前应能切断气源的气体火灾。

七氟丙烷灭火系统不得用于扑救下列物质的火灾：含氧化剂的化学制品及混合物，如硝化纤维、硝酸钠等；活泼金属，如钾、钠、镁、钛、锆、铀等；金属氢化物，如氢化钾、氢化钠等；能自行分解的化学物质，如过氧化氢、联胺等。

（1）悬挂式七氟丙烷灭火装置

悬挂式七氟丙烷灭火装置由灭火剂贮存容器、自动释放组件、悬挂支架（座）等组成可悬挂或壁挂式安装，能自动或手动（电气启动或机械应急启动）启动喷放七氟丙烷灭火剂的灭火装置。

悬挂式七氟丙烷灭火装置主要参数见表 5-3-1。

表 5-3-1 悬挂式七氟丙烷灭火装置主要参数

装置类型	工作温度范围/℃	贮存压力/MPa	最大工作压力/MPa	最大充装密度/(kg/m³)
悬挂式七氟丙烷灭火装置	0～50	1.6	2.5	1 150
		2.5	4.2	

注:当工作环境温度范围超出上述范围时,应在灭火装置上明显处用永久性标志标出。(源自 GA 13—2006《悬挂式气体灭火装置》)

悬挂式气体灭火装置标记:

XQ N M Y/X - ZZ

其中,XQ——悬挂式气体灭火装置;

N——充装灭火剂类型(Q 代表七氟丙烷,L 代表六氟丙烷);

M——启动方式,(电爆 B,电磁 C,感温元件 W,其他 Q);

Y——灭火装置公称容积,L;

X——贮存压力,MPa;

ZZ——制造厂自定义。

有关悬挂式七氟丙烷灭火装置型号编制、性能要求、试验方法、检验规则、标志、包装、运输贮存要求见 GA13—2006《悬挂式气体灭火装置》。

(2) 七氟丙烷灭火系统

七氟丙烷气体灭火系统包括:灭火瓶组、高压软管、灭火剂单向阀、启动瓶组、安全泄压阀、选择阀、压力信号器、喷头、高压管道、高压管件等。

柜式七氟丙烷灭火装置:由七氟丙烷灭火剂瓶组、管路、喷嘴、信号反馈部件、检漏部件、驱动部件、减压部件、火灾探测部件、控制器组成的能自动探测并实施灭火的柜式灭火装置。

柜式七氟丙烷灭火装置属于预制灭火系统,也有称为无管网七氟丙烷灭火系统。

七氟丙烷灭火系统用氮气增压输送。氮气的含水不应大于 0.006%。

(3) 操作与控制

采用七氟丙烷灭火系统和预制灭火装置的防护区(能满足七氟丙烷全淹没灭火系统①要求的有限封闭空间),应按现行国家标准 GB 50116—2008《火灾自动报警系统设计规范》的规定设置火灾自动报警系统。选用灵敏度级别高的火灾探测器。

灭火系统应设自动控制、手动控制和机械应急操作三种启动方式。设置在防护区内的预制灭火装置应设自动控制和手动控制两种启动方式。

采用自动控制启动方式时,根据人员安全撤离防护区的需要,应有不大于 30 s 的可控延迟喷射;对于平时无人工作的防护区,可设置为无延迟的喷射。

在灭火设计浓度或实际使用浓度大于 9%(无毒性反应浓度)的防护区,应设手动与自动控制的转换装置,当有人进入防护区时,应能将灭火系统转换到手动控制方式;当人离开时,应能恢复到自动控制方式。防护区内外应设手动、自动控制状态的显示装置。

自动控制装置应在接到两个独立的火灾信号后才能启动。手动控制装置和手动与自动转换装置应设在防护区疏散出口的门外便于操作的地方。

① 全淹没灭火系统是在规定的时间内,向防护区喷射一定浓度的七氟丙烷,并使其均匀地充满整个防护区的灭火系统。

机械应急操作装置应设在储瓶间内或防护区疏散出口门外便于操作的地方；并且，其操作方式应经两步完成。

灭火系统与预制灭火装置的操作与控制，应包括对开口封闭装置、通风机械和防火阀等设备的联动操作与控制。

设有消防控制中心的场所，各防护区灭火控制系统的动作信息，应传送给消防控制中心。这些信息包括火灾信息捕获灭火动作、手动与自动转换和系统故障等。

灭火系统和预制灭火装置的供电，应符合现行国家防火标准的规定；采用气动力源时应保证系统操作和控制需要的压力和气量。

组合分配系统启动时，选择阀应在容器阀开启前或同时打开。

(4) 安全要求

防护区应有足够宽的疏散通道和出口，以保证人员在 30 s 内能撤出防护区。

经常有人工作的防护区，当人员不能在 30 s 内撤出时，防护区七氟丙烷的灭火设计浓度必须不大于 9%。

防护区的疏散通道及出口，应设应急照明与疏散指示标志。防护区内应设火灾声报警器，必要时，可增设闪光报警器。

防护区的入口处应设火灾声、光报警器和灭火剂喷放指示灯，以及防护区采用了七氟丙烷保护的标志牌。灭火剂喷放指示灯信号，应保持到防护区通风换气后手动解除。

防护区的门应向疏散方向开启，并能自行关闭；用于疏散的门，必须能从防护区内打开。

灭火后的防护区应通风换气，地下防护区和无窗或设固定窗扇的地上防护区，应设机械排风装置，排风口宜设在防护区的下部并应直通室外。通信机房、电子计算机房等场所的通风换气次数应不少于每小时 5 次。

储瓶间的门应向外开启，储瓶间内应设应急照明；储瓶间应有良好的通风条件，地下储瓶间应设机械排风装置，排风口应设在下部，可通过排风管排出室外。

经过有爆炸危险的场所和变电、配电场所的管网，以及布设在以上场所的金属箱体等，应设防静电接地。

灭火系统的手动控制与应急操作应有防止误操作的警示显示与措施。

设有七氟丙烷灭火系统的建筑物，宜配置空气或氧气呼吸器。

(5) 维护管理

七氟丙烷灭火系统投入使用时，应具备下列文件，并应有电子备份档案、永久储存：

1) 系统及其主用组件的使用、维护说明书；

2) 系统工作流程图和操作规程；

3) 系统维护检查记录表；

4) 值班员守则和运行日志。

七氟丙烷灭火系统应由经过专门培训，并经考核合格的专职人员负责定期检查和维护。

应按检查类别规定对七氟丙烷灭火系统进行检查，并做好记录。检查发现的问题应及时处理。

七氟丙烷灭火系统配套的火灾自动报警系统的维护应按 GB 50166—2007《火灾自动报警系统施工及验收规范》执行。

每月检查应符合下列要求：

1）灭火剂储存容器及容器阀、单向阀、连接管、集流管、安全泄放装置、选择阀、阀驱动装置、喷嘴、信号反馈装置、检漏装置、减压装置等全部系统组件应无碰撞变形及其他机械性损伤，表面应无锈蚀，保护涂层应完好，铭牌和标志应清晰，手动操作装置的防护罩、铅封和安全标志应完整。

2）灭火剂和驱动气体储存容器内的压力，不得小于设计储存压力的 90%。

每季度应对气体灭火系统进行一次全面检查，并应符合下面规定：

1）可燃物料的种类、分布情况，防护区的开口情况，应符合设计规定；

2）储存装置间的设备、灭火剂输送管道和支、吊架的固定，应无松动；

3）连接管应无变形、裂纹及老化。必要时送法定质量检验机构进行检测或更换；

4）各喷嘴孔口应无堵塞；

灭火剂输送管道有损伤和堵塞时应按 GB 50263—2007《气体灭火系统施工及验收规定》的第 E.1 节的规定进行严密性试验和吹扫。

有关七氟丙烷灭火系统安装、系统调试、系统验收及维护要求见 GB 50263—2007《气体灭火系统施工及验收规范》。

常用灭火器的应用范围见表 5-3-2。

表 5-3-2　常用灭火器的应用范围

灭火器		火灾种类				
		木材等一般物质火灾	可燃液体火灾		带电设备火灾	金属火灾
			非水溶性	水溶性		
清水灭火器		○	×	×	×	×
泡沫灭火器	化学泡沫灭火器	○	○	□	×	×
	蛋白泡沫灭火器	○	○	×	×	×
	氟蛋白泡沫灭火器	○	○	×	×	×
	轻水泡沫灭火器	○	○	×	×	×
	合成泡沫灭火器	○	○	×	×	×
	抗溶性泡沫灭火器	○	□	○	×	×
二氧化碳灭火器		□	○	○	○	×
干粉灭火器	BC 干粉灭火器	□	○	○	○	×
	ABC 干粉灭火器	○	○	○	○	×
	金属火灾用干粉灭火器	×	×	×	×	○
七氟丙烷灭火装置		适用于扑灭电气火灾；液体火灾或可熔化的固体火灾；固体表面火灾；灭火前应能切断气源的气体火灾。				

注：符号说明：○—适用；□—一般不用；×—不适用。

5.3.3　消火栓、消防水喉的使用方法

5.3.3.1　墙式消火栓（双人操作）

打开消火栓箱门或击碎消火栓箱门玻璃，一人取水带、水枪，将水带抛开，持一端接口，同时边跑边与水枪相连接（水带扭转不得超过 360°），选择有利位置，距燃烧点适当距离（约

7～10 m)成站立或跪姿,打开水枪开关,对准火焰基部扫射;另一人迅速将水带另一接口与消火栓接口相连,待站在燃烧点附近的人就位后,开启消火栓闸阀手柄(完全开启)。注意控制水渍损失。

5.3.3.2 消防水喉

打开消火栓箱,完全开启水喉闸阀手柄,转出消防水喉卷盘,拉动水喉喷头一端至起火部位适当位置,打开喷头开关,射流对火焰基部喷射。

5.4 报警方法和要求

《中华人民共和国消防法》第四十四条"任何人发现火灾都应当立即报警。任何单位、个人都应当无偿为报警提供便利,不得阻拦报警。严禁谎报火警。"

报警及时与否,是能否控制初期火灾的关键。火灾发展过程告诉我们,初期火灾具有燃烧不稳定的特点,既有发展壮大的趋势,也有自行熄灭的可能,通常情况下,初期火灾持续时间在 5～15 min 左右,在这段时间内若能采取适当的措施,控制火势、消灭火灾是不难的,特别在火灾初期的 5～7 min 内采取措施最为关键。把握这个关键有两条:一是利用现场灭火器材扑灭;二是同时报警。

所以,不论火势大小,采取何种灭火措施,自己是否有能力将火灾扑灭,在扑救的同时报警是必要的,是与扑救同时进行的行为。报警越早越有利于火灾的控制,损失越小。任何单位和个人不得有隐瞒火灾或阻止他人向消防队报警,同时,严禁假报火警。

报警方法:厂区内任何人发现火灾时,必须通过电话、手动报警按钮或呼叫等方式向主控制室报告。

(1) 手动报警按钮

1) 任何人发现火灾时,都可按下就近的手动报警按钮。

2) 手动报警按钮的作用是:

① 就地发出火灾报警。

② 使消防监督岗上的火灾控制器发出声、光报警信号。

③ 按完手动报警按钮后,仍应电话报警。

(2) 电话报警

秦山核电厂火灾报警电话:

部　门	厂内电话	全　号
主控制室值长	33560	86933560
主控制室副值长	33774	86933774
主控制室电操	33467	86933467
保卫部防火科	33483	86933483
消防中队火警	119	

秦山第二核电厂关于火灾电话报警规定如下:

1) 电话:81119 (接警人是主控制室操纵员)。如果失效,可拨主控制室其他电话 81705

或 81706。

2）报警内容

① 首先通报自己的姓名、使用的电话。

② 报告火灾的地点和情况。

③ 回答接警人提出的问题。

④ 经接警人同意再挂断电话。

3）电话接警

① 火警电话优先，铃响三次之内必须接听。

② 接警必须记录。

③ 询问记录内容见“事故、灾难记录单”。

秦山第三核电有限公司关于火灾电话报警规定如下

1）报警电话：（1 号主控制室 1999、2 号主控制室 2999）。

2）报警内容：

① 首先报出自己的姓名，使用的电话；

② 报告火灾的具体地点和情况（火势的大小、火灾的种类）；

③ 回答接警人提出的问题；

④ 经接警人同意后再挂断电话。

田湾核电站关于电站现场火灾电话报警规定如下：

田湾核电站现场火灾报警电话单

双围墙内				双围墙外	
1 号机组		2 号机组			
4/5/6/7/8 字头电话	4219	4/5/6/7/8 字头电话	4229	4/5/6/7/8 字头电话	119[1)]
3/9 字头电话	082204219	3/9 字头电话	082204229	3/9 字头电话	3119
手机	82204219	手机	82204229	手机	82203119
小灵通	082204219	小灵通	082204229	小灵通	082203119

注：1）上述报警电话单中的 119 报警电话与公安消防部门 119 报警电话有区别。上述报警电话单中的 119 报警电话是田湾核电站内部火灾报警电话，使用 4/5/6/7/8 字头电话直接拨打 119 不会拨打到当地公安消防部门，只会拨打到电站专职消防队。之所以不直接拨打到当地公安消防部门，是因为最近的当地公安消防部门距离电站有 20 多千米，不能保证接警后第一时间赶到火灾现场，所以员工在电站现场发现火情后，应第一时间拨打电站内部火灾报警电话（严禁任何人未获授权直接拨打公安消防部门 119 报警电话）。

火灾电话报警要求，报警人在报警时要注意做到以下 4 点：

1）说明起火的具体位置（区域、机组、厂房、层面、房间）；

2）着火物性质，火势大小，有无人员被困、受伤；

3）说出报警人姓名、单位和报警使用的电话号码（以便消防队随时查询情况）；

4）报警之后要在报警电话前留人，并立即派人到路口迎候和引导消防车进入火场。

5.5　灭火救援

《中华人民共和国消防法》第四十四条规定：“任何单位发生火灾，必须立即组织力量扑救。邻近单位应当给予支援。”第四十五条规定：“公安机关消防机构统一组织和指挥火灾现场扑救，应当优先保障遇险人员的生命安全。”

《中华人民共和国消防法》规定：“火灾现场总指挥根据扑救火灾的需要，有权决定下列事项：

(1) 使用各种水源；

(2) 截断电力、可燃气体和可燃液体的输送，限制用火用电；

(3) 划定警戒区，实行局部交通管制；

(4) 利用临近建筑物和有关设施；

(5) 为了抢救人员和重要物资，防止火势蔓延，拆除或者破损毗邻火灾现场的建筑物、构筑物或者设施等；

(6) 调动供水、供电、供气、通信、医疗救护、交通运输、环境保护等有关单位协助灭火救援。”

对于特定核电厂，从火灾发生至开始灭火操作所间隔的时间取决于几个最重要的因素。除了不可避免的延迟外，有一些延迟可通过适当努力而明显缩短。

与常规风险不同，在核电厂内会遇到以下额外的问题，它们都会对及时灭火有影响：

(1) 电厂位置。远离城镇消防机构、难以在起火初期得到足够的外部消防增援力量。

(2) 多种警报。在核电厂内安装了多种警报，比起各种各样关系到核安全的警报，火灾警报是第二位的。对于那些不允许有任何延迟的灭火行动，必须在报警的同时，就自动启动灭火系统。

(3) 义务消防员(有电厂称为志愿消防员)。队员数量有限。

灭火战斗应以消耗最少的人力和物力，最大限度地减少人员伤亡和财产损失。为此，应掌握下面的灭火战术：

1) 优先保障遇险人员的生命安全。积极抢救遭受火灾围困威胁的人员是灭火人员的首要任务。灭火人员及器材须首先满足救人的需要，力争最大限度地减少人员伤亡。根据火场情况有时为了救人先灭火，救人工作不重时，救人灭火可同时进行。

2) 先控制、后消灭。即采取措施阻止火灾蔓延，然后再采取措施灭火。

3) 确保重点。在火场除了首先抢救被烟、火围困处在万分危险又不能自救的人员外，可能急需处理的重点问题还有下列方面：

① 必须组织力量抢救处在火势发展威胁中的战略物资、稀有生产设备、贵重仪器、重要档案；

② 组织力量抢运在火场中存放的危险化学品，同时将处在危险区域中的人员转移到安全区；

③ 因大风、气流的影响，火势已发展到难以控制，可能波及其他重要厂房，必须拆除毗邻火场的建筑物，制造隔离带，阻止火势蔓延。

5.6 灭火组织及响应

5.6.1 灭火组织

5.6.1.1 法律法规对灭火组织的规定

(1) HAD 102/11《核电厂防火》规定

“核电厂必须持续具有早期探测火灾和有效灭火的能力。灭火系统的能力由固定灭火系统和人工消防设施组成。”

“人工消防是纵深防御策略的一个重要组成部分。对于电厂中通过火灾危害性分析确定高火灾荷载的区域,人工消防可作为第二道防线(第一道防线为自动灭火系统),而在其他较低火灾荷载的部位,人工消防则可能是唯一的灭火方法。”

“核电厂厂区的消防人员需要有良好的组织、训练和装备,这就要求采取有效措施以确保上列各个方面的要求均能实现。消防工作可由下列组织逐步介入(以到达火灾现场的先后为序):

1) 快速行动消防组 由电厂运行值班人员组成,在火灾现场有供他们使用的装置(例如手提式或轮式灭火器、消火栓等);

2) 电厂消防队 他们具有重型设备(例如救火车、电动机、泵、专用装置);

3) 厂区外地方消防机构 他们具有自己的消防设备。”

(2) HAD 103/10《核动力厂运行防火安全》规定

“纵深防御的一个重要方面是人工灭火的能力。例如下述情况应进行人工灭火:

1) 如果一个或更多已有的能动及非能动系统未能扑灭火灾或封锁火灾;或

2) 如果火灾发生在一个没有安排固定灭火系统的可达区域。

此外,应把人工灭火考虑成支持自动灭火系统提供的主要防火系列的补充措施。使用或依靠人工消防应在火灾危害性分析中确定和验证。”

(3)《核电厂消防安全监督管理规定》规定

营运单位应当建立专职消防队,并与当地政府有关部门以及地方公安消防机构建立火灾救援协调配合机制。

5.6.1.2 核电厂灭火组织

基于下列因素,核电厂灭火方针必须立足于自救,即依靠电厂本身的力量尽可能将火灾扑灭在初起阶段:

(1) 根据国家法律、核安全法规要求,核电厂必须持续具有有效灭火的能力;

(2) 核电厂远离城镇消防机构、难以在起火初期得到足够的外部消防增援力量;

(3) 核电厂设备及工艺的复杂性,在核电厂火灾情况下,消防队的灭火战斗展开时间要比火(水)电厂或常规企业火灾要长。

根据自救的灭火方针,核电厂建立了适应于火灾不同严重程度的灭火组织,包括核电厂现场火情目击者(一级干预)、快速行动消防组(二级干预队)、电厂消防队(三级干预队,对于秦山各核电厂来说,“电厂消防队”是指秦山核电基地特勤消防队)、厂区外地方消防队(四级干预队)。

核电厂消防队应有能力在没有外援的情况下保护安全相关的核电厂地区。

快速行动消防组一般由值班的机组运行人员组成,该组人数、职责及灭火措施在各核电厂的相关的灭火响应程序中作出明确规定。

电厂消防队(三级干预队)队长是火场最高指挥者。消防队长根据火灾发生区域或/和火势大小,决定是否成立火场指挥组织。火场指挥组织的组成及其职责在各核电厂的相关的灭火响应(或灭火组织)程序中作出明确规定。如中国核工业集团公司所属某核电厂未启动应急组织时的三级干预灭火指挥组织的组成包括:火场指挥部、运行控制组(含现场二级干预队)、保卫组、灭火组、医疗组、辐射防护组、后勤保障组、灭火支持组、应急抢修组，见图 5-6-1。

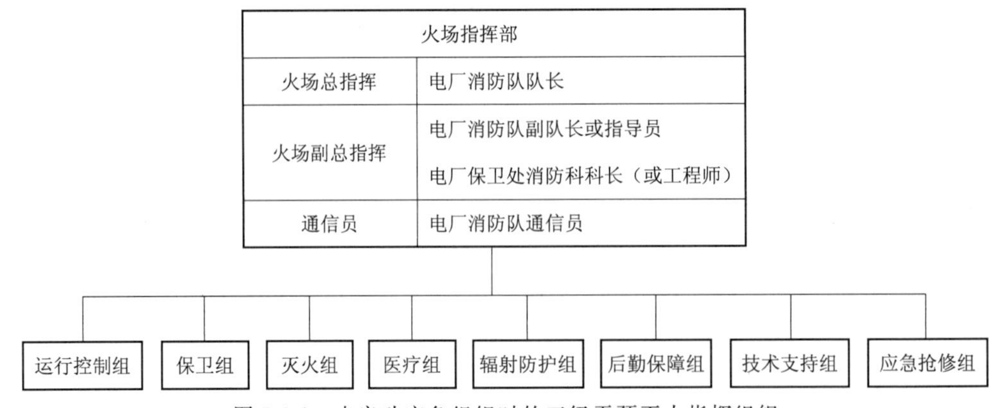

图 5-6-1　未启动应急组织时的三级干预灭火指挥组织

厂区外地方消防队(四级干预队)队长是火场最高指挥者。

如中国核工业集团公司所属某核电厂未启动应急组织时的四级干预灭火指挥组织见图 5-6-2。

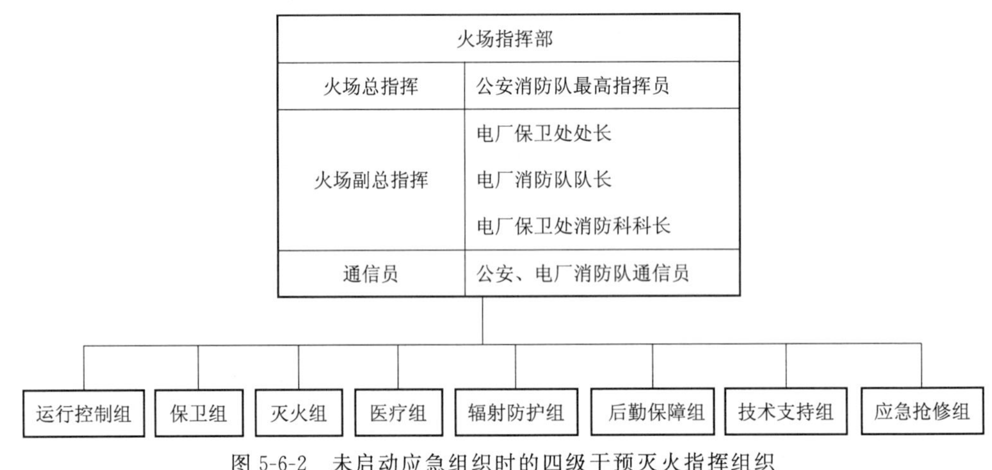

图 5-6-2　未启动应急组织时的四级干预灭火指挥组织

火场指挥组织的职责：

(1) 火场指挥部：火场指挥部是消防队在扑救火灾时，实施统一组织、统一指挥、统一行动的临时性组织机构。火场指挥部在火场总指挥的统一领导下，收集火场情况，制定灭火决策，发布灭火战斗命令，组织协同工作，调配灭火力量；

(2) 运行控制组(含现场二级干预队)：执行火灾情况下的运行程序，控制事故工况，恢复和维持机组的安全状态，减少事故的后果和影响；执行厂房内遇险人员的早期紧急救援任务(消防队未到达前)，执行初期火灾的扑救任务；

(3) 保卫组：负责电厂交通/治安和出入口的管理，执行火灾情况下的特殊保安措施，实施火场警戒，疏散现场人员，为灭火力量到达战斗位置打开通道；

(4) 灭火组：负责火情了解、侦察，执行灭火战斗命令。根据火场情况变化，提出相应的对策和所需的灭火力量。必要时，组织义务消防队参加，协助救护伤亡人员；

(5) 医疗组:负责现场急救,运送伤员,联系医疗单位支持;

(6) 辐射防护组:执行火灾情况下的辐射防护规定,打开控制区紧急出入口,以便消防人员进入(火灾时,进入辐射控制区的消防人员不更换服装,但须向每人发放应急专用热释光剂量计。如放射性危害扩散到辐射控制区外,根据需要对包括外部消防队在内的灭火人员进行个人剂量监测,例如发放电子个人剂量计等方式)。负责火场辐射监测,实施辐射防护监督,建议火场人员的辐射防护措施,对受污染人员采取去污措施,向火场指挥部建议厂外公众的辐射防护措施;

(7) 后勤保障组:负责火灾期间后勤保障工作,保障急需物资的供应和交通工具等;

(8) 灭火支持组:负责分析评价受火灾事故影响机组的状态并预测发展,向火场指挥部和运行控制组提出决策和解决方案的建议,建议灭火方案的优先级,参与制订与调整灭火战斗行动方案;与上级或外部技术部门取得联系,获得必要的技术支持;

(9) 应急抢修组:负责设备与系统损坏的探查、控制与检修,参加火场抢险救援活动。

外部公安消防力量到场,电站消防队队长向到场的公安消防队的最高领导移交火场灭火指挥权。

核应急启动情况下的灭火组织:

当火灾导致核电厂进入核事故应急状态时,现场扑救工作由核电厂核事故应急指挥机构统一指挥。

5.6.2 火灾响应

《核电厂消防安全监督管理规定》规定:“核电厂发生火灾时,营运单位应当按照灭火预案的有关规定实施。”

核电厂采用“四级灭火干预”的火灾响应方式,即:

(1) 以火情第一目击者或火警确认者为行动主体的一级灭火干预;

(2) 以运行值灭火小分队人员为行动主体的二级灭火干预;

(3) 以电厂消防队(或秦山核电基地特勤消防队)为行动主体的三级灭火干预;

(4) 以场外消防队和上述一、二、三级灭火干预人员为联合行动主体的四级灭火干预。

火灾响应步骤:

(1) 当目击者发现厂房内发生火灾时应立即向主控制室值长报警,并视情使用灭火器进行一级灭火干预行动,或通知主控制室启动二级消防干预。

(2) 当主控制室火灾报警集中控制器接到就地火灾探测器报警信号后,主控制室监盘人员应首先确认报警点和着火位置,立即启动一级消防干预,派人到报警现场确认是火警还是误报:

如果是误报,主控制室复位火灾报警系统;

如果是火警,现场人员使用灭火器灭火进行一级灭火干预行动,主控制室值长启动二级消防干预。

(3) 主控制室接到启动二级消防干预请示后,立即召集二级消防干预队,启动二级消防干预行动;

(4) 当二级消防干预行动无效,或出现启动三级消防干预条件,主控制室启动三级消防干预行动;

(5) 当三级消防干预行动无效时,启动四级干预。

图 5-6-3 是中国核工业集团公司下属某一核电厂的火灾响应流程示意图。

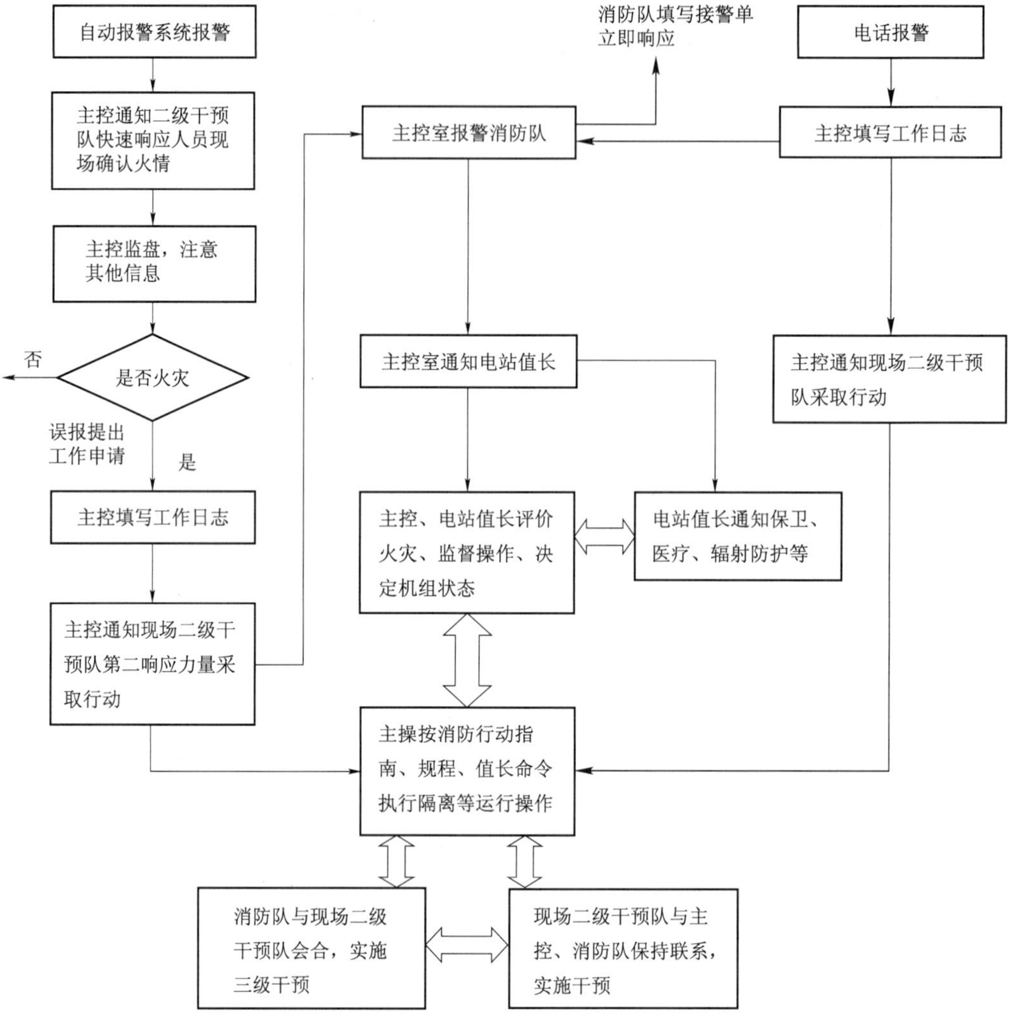

自动报警系统报警

主控通知二级干预队快速响应人员现场确认火情

主控监盘，注意其他信息

是否火灾

否

误报提出工作申请

是

主控填写工作日志

主控通知现场二级干预队第二响应力量采取行动

消防队填写接警单立即响应

主控室报警消防队

主控室通知电站值长

主控、电站值长评价火灾、监督操作、决定机组状态

电站值长通知保卫、医疗、辐射防护等

主操按消防行动指南、规程、值长命令执行隔离等运行操作

消防队与现场二级干预队会合，实施三级干预

现场二级干预队与主控、消防队保持联系，实施干预

电话报警

主控填写工作日志

主控通知现场二级干预队采取行动

图 5-6-3　火灾响应流程示意图

5.6.3　消防行动卡

HAD 103/10 规定：

对确定为安全重要的核动力厂每个区域(包括给安全重要区域带来火灾危险的区域)应制定人工消防策略。这些策略应提供资料来补充在核动力厂总的应急计划中已提供的资料。策略应为消防队员提供所需的每个防火区使用安全有效消防技术相应的所有资料。策略应不断更新完善并应用于课堂培训和核动力厂的实际消防演习中。消防策略应包括如下方面：

(1) 消防队员进出通道；

(2) 确定为安全重要的构筑物、系统或部件的位置；

(3) 火灾荷载；

(4) 特定的火灾危险,包括由于外部事件可能降低的消防能力；

(5) 特殊的放射性、毒性、高电压和高压力危险,包括爆炸的可能性;

(6) 所提供的消防设施(包括非能动的和能动的);

(7) 由于关系到核临界或对其他特定事项的影响限制使用特定灭火剂,而用其他灭火介质替代。

核电厂的消防行动卡(有的电厂称为消防行动指南)是按此规定制定的。

消防行动卡属于事故规程的一种,它是为某些特定的火灾危险性较大的区域发生火灾时而制订的快速灭火行动方案,是为运行人员、保卫人员、消防队和在厂房内发现火灾的其他人员提供的一套在火灾情况下可迅速参照执行的简明行动指南,是启动固定消防设施进行灭火的操作程序。

消防行动卡由消防职能部门负责编制,运行部门协助编制。通常消防行动卡应放在火警监控点以及一些利于快速取卡的重要部位。应采取措施保证消防行动卡完整、有效。

秦山第二核电厂的消防行动卡由 4 个不同的指令组成,即:值长使用的消防行动卡、主控制室操纵员使用的消防行动卡、二级干预队队长(副值长)消防行动卡、现场操作员消防行动卡(见附录 B)。通常消防行动卡应放在火警监控点以及一些利于快速取卡的重要部位。

"值长行动卡"为当值的值长对火灾响应提供行动指南,包括:联系消防队,指挥全值稳定机组状态、保证机组安全以及内部人员的联系;"副值长行动卡"为当值的副值长对火灾响应提供行动指南,包括:召集二级干预队队员穿戴防护用品赶赴火灾现场、指挥二级干预队灭火以及进行必要的电气操作;"操纵员消防卡"为当值的操纵员对火灾响应提供行动指南,包括填写报警记录单、控制机组状态、必要时在主控制室启动消防设施等;"现场操作员消防卡"为当值的现场操作员对火灾响应提供行动指南,包括:到会合点接应外部支援人员、在二级干预队的带领下到现场操作固定灭火设施。

秦山第三核电厂关于消防行动卡的管理规定如下:

(1) 内容格式

针对厂房、办公楼区域内不同防火区、设备的火灾危险性,制定相应的消防行动卡,厂房内的每份消防行动卡分为值长卡、操纵员卡、副操卡、小分队卡、现场卡和消防队卡(见附录 B)。办公楼、仓库区域的消防行动卡只有现场卡。

1) 厂房内的每张卡上标明下列内容:

① 着火地点:机组号、厂房号,防火区号、标高,火灾报警探头地址码编号,可能着火的设备编号;

② 消防平面图:厂房建筑标高平面图,着火位置图、消防设施位置及编号;

③ 消防图例:灭火器、消火栓、火灾报警设备、电话、逃生路线等;

④ 防护措施:如:安全帽、防砸鞋、空气呼吸器、电子剂量计等;

⑤ 特殊危险:如:电击、爆炸、放射性、坠落等;

⑥ 可燃物、引燃源:如:电机、电缆、油品、塑料等,电气故障、动火、高温等;

⑦ 火灾区域的主要火灾类型、特点及对策;

⑧ 各个干预行动水平下的人员行动程序及注意事项。

2) 办公楼、仓库区域的卡上标明下列内容:

① 消防平面图：楼层平面图、消防设施位置及编号；

② 消防图例：灭火器、消火栓、火灾报警设备、电话、逃生路线等；

③ 防护用品：如：空气呼吸器、消防服、手套、绝缘靴等；

④ 特殊危险：如：电击、窒息、坠落、毒性烟气等；

⑤ 火灾区域的主要可燃物、着火源、火灾后果及对策；

⑥ 各个干预行动水平下的人员行动程序及注意事项。

(2) 消防行动卡存放管理

存放：

在每个机组主控室和就地操作人员值班室分别存放一套完整的(办公楼区域的消防行动卡除外)消防行动卡备用；

现场卡一式一份，按照就近通行原则，存放在相应区域的入口处；

在模拟机存放一套完整的《消防行动卡》，供学习使用。

以上卡片由运行处负责按主控室文件管理的相应程序定期检查，发现破损和缺失，通知保卫处及时替换。

消防队卡一式一份，存放在消防队，由保卫处负责定期检查和及时替换；

保卫处存放完整的二套消防行动卡，一套存档，一套日常使用；

保卫处每半年进行一次整体检查。消防行动卡升版后，由保卫处统一替换。

(3) 培训演练

各运行值人员在学习班期间由值长组织值内人员选取《消防行动卡》进行一个学时的自学，必要时由保卫处人员进行讲解。

各运行值每年至少进行一次的现场演习，学时为 2 个小时。演习前视情由保卫处人员按照工前会方式对参与演习人员进行讲解。

消防队人员的培训由保卫处人员对消防队主要人员进行培训，时间和频度根据《消防大纲》的规定和消防队人员变动情况制定。

办公楼、仓库区域的消防行动卡在电站全员消防培训中由保卫处培训教员对学员进行讲解。

每次演习，由消防监督员对演习过程中存在的优、缺点进行记录、评价和提出改进意见(见表 5-6-1)。

表 5-6-1 消防行动卡演习评价表示例(a)

消防行动卡演习评价表	
消防行动卡的编号：	
演习时间： 年 月 日 时开始至 时结束	
地点： 机组 厂房 防火区 房间	
报警方式：自动 □ 人工 □	评价对象： 就地
演习单位：	演习人数：
干预级别	评 价 内 容
一级干预	1. 出警速度 2. 灭火器使用 3. 报警(姓名、地点、设备号、火灾类型、发展趋势) 4. 关闭防火门 5. 紧急操作 6. 自我保护 7. 接应小分队

续表

干预级别	评 价 内 容
二级干预	8. 小分队集合、着装、携带器具、行动卡等情况 9. 到现场时间，火情侦查、交流、人员分配、集中灭火情况 10. 向主控报告，请示实施现场隔离操作（电源、气源、油源、水源）、停运/切换设备情况 11. 铺好水龙带、检查评价火场发展趋势、请示用水灭火 12. 喷淋系统喷淋后，人员撤离到安全区域，视情关闭喷淋阀或维持喷淋 13. 与消防队、保卫处（辐射防护、医疗救护）交流，准备实施三级干预
三级干预	14. 组成现场灭火指挥部 15. 请示值长同意 16. 实施三级灭火干预 17. 检查现场、设备、人员情况 18. 报告干预结果，下令人员撤离或继续施救
评价意见： 1. 总体评价 2. 不足之处 3. 良好实践 4. 改进建议	
评价人：	时间：

表 5-6-1 消防行动卡演习评价表示例(b)

消防行动卡演习评价表					
消防行动卡的编号：					
演习时间：	年	月	日	时开始至	时结束
地点：	机组	厂房	防火区	房间	
报警方式：自动 □	人工 □		评价对象：	主控	
演习单位：			演习人数：		
干预级别	评 价 内 容				
一级干预	1. 接警处置 2. 派人去现场复核 3. 观察机组信号 4. 准备消防行动卡和相关程序				
二级干预	5. 通知二级干预队、消防队、保卫处、辐射防护、医疗救护 6. 机组状态控制：观察机组信号、停运/切换设备、机组状态后撤 7. 隔离措施：隔离电源、气源、油源、水源 8. 与现场的交流、下达灭火指令情况（使用消火栓、灭火器等）				
三级干预	9. 启动应急响应程序 10. 下令执行三级灭火干预 11. 启动安全系统 12. 机组状态继续后撤、降功率、停堆、停机 13. 检查整个电厂状态 14. 下令火灾区域人员撤离				
评价意见： 1. 总体评价 2. 不足之处 3. 良好实践 4. 改进建议					
评价人：			时间：		

复习思考题

1. 简述 4 种灭火方法。
2. 水灭火剂有什么特点？它主要用于灭哪种类型的火灾？
3. 泡沫灭火剂有什么特点？它主要用于灭哪种类型的火灾？
4. 干粉灭火剂有什么特点？它主要用于灭哪种类型的火灾？

5. 二氧化碳灭火剂有什么特点？它主要用于灭哪种类型的火灾？
6. 七氟丙烷灭火剂有什么特点？它主要用于灭哪种类型的火灾？
7. 各核电厂火灾报警方法和要求是什么？
8. 简述火灾响应流程。
9. 简介消防行动卡。

第六章　安全疏散与逃生

6.1　安全疏散设施

疏散是指引导人员向安全区撤离。

疏散设施是为从建筑物内某点到最终安全出口的路线提供的建筑设施。

安全疏散设施是消防设施之一，建筑物安全疏散设施主要有：安全出口、疏散通道、疏散标志（见图 6-1-1 和图 6-1-2）、应急照明和事故广播等。

(1) 安全出口

是指保证人员安全疏散的楼梯或直通室外地平面的出口。电梯和自动扶梯不能作为安全出口（不同形式建筑具有不同的出口设计形式）。

图 6-1-1　紧急出口标志

指示在发生火灾等紧急情况下，可使用的一切出口

在远离紧急出口的地方，应与图 6-1-2

标志联用，以指示到达出口的方向

图 6-1-2　疏散通道方向标志

与图 6-1-1 标志联用，

指示到紧急出口的方向

(2) 疏散通道

是指引导人员进行疏散的内部走廊、楼梯前室、楼梯间等。

(3) 疏散标志

是指在疏散通道上，为了引导人员进入安全出口，而在房间门、走廊、前室门、楼梯间内墙面上设置的带有前进标志或指引文字的标识牌。有发光型和反光型两种。

(4) 应急照明和事故广播

是指安装在疏散通道上及转角部位具有自备电源的照明设施和广播系统。在火灾情况下用于保证最低限度的照明要求，指导人员疏散。

“保障疏散通道、安全出口、消防车通道畅通，保证防火防烟分区、防火间距符合消防技术标准”是《中华人民共和国消防法》规定的机关、团体、企业、事业单位必须履行的消防安全职责之一。

《机关、团体、企业、事业单位消防安全管理规定》规定：

“单位应当保障疏散通道、安全出口畅通，并设置符合国家规定的消防安全疏散指示标志和应急照明设施，保持防火门、防火卷帘、消防安全疏散指示标志、应急照明、机械排烟送风、火灾事故广播等设施处于正常状态。

严禁下列行为：

(1) 占用疏散通道；

(2) 在安全出口或者疏散通道上安装栅栏等影响疏散的障碍物；

(3) 在营业、生产、教学、工作等期间将安全出口上锁、遮挡或者将消防安全疏散指示标志遮挡、覆盖；

(4) 其他影响安全疏散的行为。”

6.2 火场逃生的步骤和方法

一场火灾降临，有时遇难者众多，但得以逃生者仍是多数。能否逃生，固然与火势大小，起火时间，楼层高度，建筑物内有无报警、排烟、灭火设施等因素有关，然而主要与受灾者的自救和互救能力以及是否懂得逃生步骤和方法等因素有关。火场中被困人员要火海余生必须掌握科学的逃生自救方法和具备良好的心理素质。

6.2.1 熟悉环境，为安全逃生奠定基础

就像每个人都不愿意自己家里起火一样，谁也不愿意自己的工作单位、工作场所，所住的宾馆，所去的百货商店起火，常言道，不怕一万，就怕万一。即是说，有理由假设久居的宿舍楼、工作单位、所住的宾馆和走进的百货商店都有可能发生火灾。为此，我们必须有目的地事先熟悉环境，可能时进行必要的逃生训练，以便当火灾发生时能利用疏散设施安全逃生。

(1) 久居环境的熟悉。首先要确定可用作逃生的出口，如门、窗、天窗、阳台等。并将逃生的出口告知家庭成员。

(2) 生疏环境的熟悉。到生疏环境后要细心地看一看安全门、避难间、疏散通道和安全出口位置，记住疏散方向，观察报警器、灭火器的位置，有可能作为逃生器材和物品的位置。

6.2.2 确认起火，保持镇静

(1) 确认起火

当感到烟、火的刺激，听到着火的呼喊、敲门、喧闹的噪声并看到烟、火时，都可以确认起火。一旦确认起火，千万不要惊慌，不管附近有无烟雾都应采取防烟措施。

(2) 保持镇静

当确认火势较大，无法扑灭时，应该先报警，然后逃离火灾现场，这时最关键的是一定要保持镇静。

对于火灾现场的受害者来说，烈火绝不是最强大的敌人，浓烟的威力虽大也是可以战胜的，真正强大的敌人是受害者本人的惊慌和恐惧。

解除惊慌和恐惧的方法。由于惊慌和恐惧是受害者本人的心理反应，当然主要靠受害者自我解除。通常可采用自我暗示法，如回忆消防培训所学的逃生方法、以前处理危难问题的经验，来调整自己失衡的心态，保持冷静沉着。

6.2.3　加强个人防护，减少烟气侵害

人们一旦被烟火围困，无论是逃生，还是去灭火，最基本的要求就是要做好自身防护。否则，由于火势猛，烟雾浓，温度高，人们将难以自保。因此，一旦觉察着火，当务之急应采取个人防烟措施。常见的防烟措施有：

(1) 用干毛巾(或手帕、餐巾、沙发布、床单、衣服等)捂住口鼻。干毛巾折叠层数越多，除烟效果越好。在人们通常遇到的烟雾中，如将干毛巾折叠 16 层捂在口鼻上，就能使透过毛巾的烟雾浓度减少到 10%以下，即烟雾消除率达 90%以上，但考虑实用，一条毛巾以折叠 8 层为宜，这时烟雾消除率可达 60%，实验证明，这时在 15 m 长，充满浓烟的走廊里缓慢行走，没有刺激性感觉。

(2) 湿毛巾(或湿的手帕、餐巾、沙发布、床单、衣服等，若无水时用尿也可)，扎住口鼻，防止吸入高温烟气。如含水量控制适当，在消除烟雾浓度和烟雾中刺激性物质方面的效果，都比干毛巾要好。一般应将毛巾含水量控制在毛巾本身重量的 3 倍左右。如果毛巾过湿，会使呼吸阻力增大，造成呼吸困难，当毛巾含水量为本身重量的 1.5 倍～2.5 倍时，由于毛巾的编织线变细，空隙增大，除烟效果反而比干毛巾差。

使用毛巾捂住口鼻时，一定要使过滤烟的面积尽量增大，确实将口鼻捂严，在穿过烟雾区时，即使感到呼吸阻力增大，也绝不能将毛巾从口和鼻上拿开，因为一旦拿开就可能立即导致中毒。

(3) 利用棉被、毛毯、地毯等用水浸湿，包裹好身体，就地滚出火焰逃生。或滚向室内消火栓处，射水来灭火。

(4) 逃生过程中要爬行，即使站起来感觉烟火不大，身体承受得了，也应极力避免，千万不要站立行走。因为 1.5 m 以上的空气里，早已含有大量一氧化碳。

采取防烟措施后，就可使用就近的灭火器或其他措施灭火。若火势较大，或自己无能力灭火，就一定把门窗关牢，向消防队报警，然后逃离火灾现场。

6.2.4　逃生

(1) 选择直接逃生路线，减少被烟火围困时间

镇定下来以后，应该首先检查采取防烟措施情况，然后选择一条最近的、最直接的逃生路线至关重要：

1) 选择最短的直通室外的通道、出口、消防电梯等。

2) 尽量避免对面人流和交叉人流。

3）选择烟气尚未充斥有新鲜空气的防烟楼梯间，封闭楼梯间、通道、走道和出口。

4）选择通向楼梯间的通道出口。

5）处在着火层的，应向下层逃生。

6）处在着火层以上各层的，应向室外阳台、楼顶逃生。

7）千万不要乘坐电梯。电梯井直通大楼各层，烟、热、火很容易涌入。在热的作用下会造成电梯失控或变形；烟的毒性、火的熏烤可危及人的生命，所以火灾时千万不要乘坐电梯。消防电梯仅供消防队使用，但也不是万无一失的，在美国曾发生过消防员乘坐电梯去22层火场，因电梯失控，结果所有在场的消防队员全部丧生的事故。

8）在使用的门、窗、安全门、安全出口等，在打开门、窗前，必须首先摸摸门、窗是否发热，如果发热就不能打开，应选择其他出口。如果不热也只能小心地打开少许迅速通过，然后立即关好。

（2）选择间接逃生路线

当经常使用的通向下层的道路被烟火封锁以后，应该先向远离烟火的方向疏散，然后再向下层疏散，向远离烟火的方向疏散，应以水平疏散为主，不到万不得已时，千万不要向上层疏散；同时，一旦到达一个较为安全的地方，绝不要停留在原地，应迅速采取措施，向着火层以下疏散，最好能到达地面。

（3）模仿他人疏散

当一时想不起来更好的疏散路线时，而他人的疏散路线又比较安全可靠时，则可以模仿他人的行为进行疏散。但要注意千万不要盲目、消极地效仿他人的行为。如别人跳楼也跟着往下跳。首先，应该确认一下楼有多高，再看一看跳下去的人还动不动，然后再决定是否跳楼。

（4）自救

自救是在火灾现场使自身免于受害的疏散行为。自救方法有：

1）利用的自救设施进行自救，这些设施有缓降器、救生袋、自救绳、建筑本身的疏散设施、自然条件等。

2）暴露自己，寻求援助。被烟火围困暂时无法逃离的人员应尽可能地待在易被其他人发现和暂时烟火不会近身的地方如窗口、阳台，并采用下列方法向外部持续发出求救的信号，以便引起救援人员的注意：在白天可向窗外摇动颜色鲜艳的衣物；在晚上可用能发光的物品在窗口不断地闪动；在失去自救能力前（窒息前），须尽力滚到墙边或门边，便于消防人员寻找营救。

（5）互救

互救是在火灾中使他人免于受害的疏散行为。互救大体上可分为两种类型：自发性互救和有组织的疏散。

自发性互救是指在火场上单独的个人或几个人，在无组织的情况下，采用特殊手段帮助他人的疏散行为。如告知起火。首先发现起火的受害者，在报警同时，高喊“着火了”！或敲门向左邻右舍报警。帮助疏散。在火情紧急时，精力壮者帮助年老体弱者首先逃离火场，其具体方法是：对于神志清醒者，可以指定道路，让他们自行疏散；对于在烟雾中迷失方向者，年老体弱者，应引导他们疏散；对于病人，不能行走的儿童以及失去知觉的人，可运用背、抱、抬、扛等救人方法进行疏散。

6.2.5　疏散

有组织的疏散。对于那些人员流动大，人员集中的场所，综合性服务大楼等火灾情况下的疏散，必须有组织地进行，才能避免混乱，减少人员伤亡。在火灾初起时，消防队未到场的情况下，起火单位的干部、职工自然就是疏散的领导者和组织者。消防队到场后，由消防队组织指挥，起火单位人员应主动汇报情况，积极协助消防队搞好救援，疏散工作。

人员集中场所的疏导方法有口头引导、广播引导和强行疏导。基本内容主要有以下方面：

火灾事故及扑救情况通报时，应说明起火位置、燃烧程度、扑救情况，疏散方法；疏散时应该说明哪些部位的人员需要疏散，哪些部位是安全的；说明疏散步骤；指明防火分隔中的防火墙、防火门的位置，使受灾者确实认识到已经到达了比较安全的地方；指示疏散方向时应说明利用哪条疏散通道，到达何处最安全，并说明指示标志的高低位置及颜色；说明疏散方法，如使用救生器材以及自制救生器材的方法，说明分层、分阶段疏散的道理。

对没有行动能力的受灾者，如老弱病残、昏迷者，要运用推车、担架等器材或背、抱、抬、扛等救人手段，实行疏散。在由于惊慌和混乱而造成疏散通路堵塞时，应组织有关人员，采取必要手段，进行强制疏导。

要加强对受灾者脱险后的管理，如禁止他们自由行动，必要时，应在建筑物内外的关键部位配备警戒人员，对于正在疏散的人员要控制单向疏散，以便防止他们重新返回火场。重返火场的行为是人的需要所引发的。人的需要是无止境的，原有的需要得到满足后，又会产生新的需要。在人们逃离起火区后，随着对自身生命威胁的减少，转而对未逃离火场亲人生命的威胁感增加了，对财产的威胁感增加了。因此，逃离火场的人有可能重返火场，一旦再度进入火场，将会遇到新的危险，造成疏散混乱，妨碍灭火。因此，对已疏散至安全地点的人员，必须加强管理。

6.3　避　难

避难是在火灾现场躲避灾难的行为。其主要方式有两种：一是利用避难空间避难，另一是创造避难空间避难。这里所说的避难空间是指人员可以到达房间或建筑物的出口并等待营救的在地平面以上的空间。

6.3.1　利用避难空间

在综合性多功能的大型建筑物里，一般经常使用的电梯、楼梯、公共厕所附近，以及袋形走廊末端设置避难空间。火灾时，可将短时间无法疏散到地面的人员，行动不便利的人员，以及在火灾期间不容中断工作的人员，如医护人员、广播、通讯工作人员等，暂时疏散到避难空间。

6.3.2　创造避难空间

对于没有避难空间的建筑物，或通路已被烟火封锁时，都可创造避难空间与烈火搏斗。如果房间烟雾不大，就要关闭所有的门窗，并将靠近燃烧一侧的门窗顶死，然后用湿毛巾等将所有的孔洞堵死，最后向地面洒水降温，并淋湿房间中的一切可燃物，这样就创造了一个免于受难的房间。

6.3.3 创造避难空间时应注意的问题

虽然避难空间能暂时躲避烟火的威胁，仍要注意下列问题：

（1）不要轻信避难空间。

（2）避难空间要选择在有水源而又利于同外界联系的房间。

（3）不要轻易打开避难空间。

（4）冲出避难空间。

6.4 火场逃生注意事项

在火场中被困人员在逃生过程中必须注意：

（1）火场逃生要迅速，动作越快越好，切忌为穿戴或寻找贵重物品而浪费时间，没有任何珍贵物品值得以生命为代价，应该时刻牢记，“时间就是生命”“逃生第一”。

（2）就近就便，因地制宜。被困人员须抓紧时间，就近、就便，利用一切可利用的通道、工具，迅速撤离危险区域。

（3）不要向狭窄的角落退避。由于对烟火的恐惧，感到无路可逃时，受害者往往向狭窄的角落退却，如床下、墙角，桌子底下，大衣柜里等，其结果总是凶多吉少，九死一生。

（4）不要乘坐电梯。电梯井直通大楼各层，烟雾和热气流很容易涌入。在热的作用下还会造成电梯变形，使其不能正常运行。因此，一旦受害者被困在电梯内，就很难逃生。

（5）不要重返火场。受灾者一经脱离危险区域，就绝不能再重返危险区。如果确有实情，应该向救助人员反映，以求得到援助，绝不要擅自行动。

火场逃生十三诀

第一诀：逃生预演，临危不乱。请记住：事前预演，将会事半功倍。

第二诀：熟悉环境，暗记出口。请记住：在安全无事时，一定要居安思危，给自己预留一条通路。

第三诀：通道出口，畅通无阻。请记住：自断后路，必死无疑。

第四诀：扑灭小火，惠及他人。请记住：争分夺秒扑灭“初期火灾”。

第五诀：保持镇静，明辨方向，迅速撤离。请记住：人只有沉着镇静，才能想出好办法。

第六诀：不入险地，不贪财物。请记住：留得青山在，不怕没柴烧。

第七诀：简易防护，蒙鼻匍匐。请记住：多件防护工具在手，总比赤手空拳好。

第八诀：善用通道，莫入电梯。请记住：逃生的时候，乘电梯极危险。

第九诀：缓降逃生，滑绳自救。请记住：胆大心细，救命绳就在身边。

第十诀：避难场所，固守待援。请记住：坚盾何惧利矛？

第十一诀：缓晃轻抛，寻求援助。请记住：充分暴露自己，才能争取有效拯救自己。

第十二诀：火已及身，切勿惊跑。请记住：就地打滚虽狼狈，烈火焚身可免除。

第十三诀：跳楼有术，虽损求生。请记住：跳楼不等于自杀，关键是要有办法。

复习思考题

1. 安全疏散设施包括哪些?
2. 简述火场逃生的步骤和方法。
3. 简述避难方式。
4. 简述火场逃生注意事项。

第七章　核电厂消防设施简介

7.1　对核风险的特殊考虑

7.1.1　总则

核安全重要的各种构筑物，系统及设备的设计和构筑，应使其处于防火系统保护之下，目的是将发生火灾和爆炸的概率以及对核安全的影响降至最低。

核防火的安全目标是：

（1）防止发生可能影响核安全相关区域及设备的火灾；

（2）确保在火灾期间或火灾后安全停堆并且将余热排放出去；

（3）将任何形式的火灾引起的辐射及污染后果减至最小。

7.1.2　核反应堆安全考虑

（1）火灾分析

为确保达到防火目标，火灾危害性分析(FHA，见 3.3.1.3)还应包括对所有容纳有核安全相关设备的防火区的评价。

FHA 中关于核安全的部分应编入火灾安全停堆分析的内容，该内容包括火灾对完成安全停堆和余热排出功能所要求的所有构筑物、系统和设备影响的分析。

应对所有预期的运行模式(如满功率运行、换料和维修、热停堆及冷停堆和启动工况)分别进行火灾安全停堆分析。

反应堆停堆期间，多数防火系统可不运行(如防火屏障不完整、灭火系统关闭)。由于维修和反应堆的异常工况(如打开反应堆容器顶盖、低水位等)，安全停堆相关设备可能处于不可运行状态，在作停堆期间分析时，应对各种不同的工况进行考虑。

应独立地进行地震与火灾间的相互影响分析，以考虑地震引发火灾，引起灭火系统假启动，降低灭火能力或在非安全系统中引发影响安全系统火灾的可能性。应制定适当的改进措施(如对程序或设备的修改)。

还应对火灾和由火灾导致的内部水淹(来自消防用水和/或破损的水管)的相互影响的后果作分析。

除了一次安全壳厂房，还应假设火灾使所有机械和电气设备丧失能力或出现虚假动作的可能性。火灾引发的任何假想故障不应对安全停堆能力带来不利影响。

如果一特定地区不能满足核安全的要求，应对该地区作更为详细的分析。该分析可以支持有必要安装更多的防火设备的结论，或者反过来，由于实施了空间分隔，安装了防火屏障等原因，得出不需要其他防火措施的结论。

FHA 和火灾安全停堆分析都应不断地完善并发展成为核电厂专用的火灾概率安全分析。对于一个新的核电厂，应实施运行前的 FHA 和火灾概率安全分析。

火灾安全停堆分析和火灾概率安全分析都应经常地更新，以引入核电厂的变更。

(2) 安全停堆系统和设备

火灾期间，安全停堆和余热排出功能应可用。对这部分功能的消防重点应放在非能动防火设施的使用上，例如独立的防火区。冗余的(多重的)安全相关设备应设在独立的防火区内。

在不可能做到将冗余的(多重的)设备完全分隔到独立的防火区的地方，应采用非能动灭火系统，空间分隔，防火包套或防火隔断(见 B.1)来实现核安全相关系统和设备的可运行性。

在高火灾荷载地区，非能动防火应用固定式灭火系统作补充。

所有核安全相关区域均应配备火灾探测系统，且该系统在主控制室及其他常有人居留的地方设有报警显示屏。

对于其他的核安全支持系统，例如支持安全停堆所要求的应急给水，厂用水以及外部，内部电源系统也应使用上述分隔和防护准则。

核电厂内采用水池和干式两种方法贮存辐照过的燃料。但无论使用哪种方法，火灾期间应始终可利用设备的分隔与保护以及控制功能实施乏燃料的冷却。

7.1.3　辐射及放射性污染的考虑

(1) 放射性污染

核电厂发生的火灾可能会沾污房间及设备，使放射性释放到周围环境。易受污染的地区及设备包括活性炭过滤器装置，放射性废物设施，放射性物品车间及实验室。

这些地区的布置，防火分隔和通风系统的设置应可防止污染扩散。火灾荷载应维持在最低程度。应对放射性废物的堆置可能引起的自燃进行评估。

在火灾会引起放射性释放的区域，应安装火灾探测系统，所用探测器应与辐射环境相适应。

为灭火及抑制火灾蔓延，必要时应安装固定式灭火系统。该系统的布置应可将污染的释放降至最低。如果在进行放射性废物处理时要使用易燃物料(如沥青、环氧树脂等)，一定要安装考虑了所用物料特性的固定式灭火系统。

应对构筑物的设计特点和表面涂层(如油漆)的选择加以考虑，其目的是在该地区火灾后的去污工作量和个人辐射剂量限制在最低程度。

收集沾污的消防水及冲洗用水的系统，在设计中应一并予以考虑。

应为活性炭过滤器配备用于可关闭通风机的火灾探测系统，配备可扑灭过滤器火灾的固定式灭火系统(如可利用氮惰化系统)。

(2) 灭火限制

核电厂许多地区的灭火均受到高辐射水平的限制，因此防火系统的布置和安装应做到不必进入该地区即可进行火灾探测，报警和灭火。该要求不可达到时，应考虑设置其他保护措施以使辐射剂量率达到合理可行尽量低的水平(ALARA)。

运行灭火预案和消防培训大纲均应考虑当前的辐射水平及火灾后引起该辐射水平的潜在增加。

对于特特殊场所如安全壳、汽轮机厂房的防火准则见附录 E。

7.2 核电厂消防系统和设备

7.2.1 总则

用来保护安全相关系统和设备的消防系统和设备应按可承受安全停堆地震（SSE)引起的载荷进行设计。

应为所有的防火区配备独立的火灾探测和报警系统。作为基本的保护措施，核电厂应配备与火灾信号系统相连接的固定式灭火系统。在核电厂所有区域应为人工灭火配备完整的消火栓和消防水管系统，并用手提式灭火器作补充。

核电厂具体的消防系统及消防设备应依照火灾危害性分析确认的结果设置，或按照具有管辖权的管理部门(如国家核安全监管部门、公安机关的消防部门)的规定执行。

7.2.2 火灾探测系统与报警系统

应按照火灾危害性分析和具有管辖权的管理部门的要求在核电厂的有关区域安装火灾探测系统。自动式火灾探测器的选用和安装应按照下列文件的要求及相关的规定执行：

(1) 适用的防火规范；

(2) 通过核电厂的火灾危害性分析确认的设计参数(在多数情况下，应根据火灾的燃烧生成物——热，烟，光等)来确定所使用的火灾探测器的类型；

(3) 具有管辖权的管理部门的规定。

应按照火灾危害性分析和具有管辖权的管理部门的要求在核电厂安装报警系统，设备的安装应符合具有管辖权的管理部门的要求。

报警系统的触发装置和信号线路应为单个断路或发生接地事故期间的火灾探测，火灾报警和水流指示器提供应急操作。

固定式灭火系统的火灾信号设备应可在主控制室给出声响，灯光报警信号及系统故障警铃。应按照具有管辖权的管理部门的规定就地或在其余地区按照下列要求提供报警：

(1) 主要的火灾报警系统的显示屏应设置在主控制室和其他常有人居留的区域，连接区域，主控盘和遥控报警盘的报警线路应能从显示屏上监督；

(2) 声响报警装置发出的声音清晰可辨，且不应做他用。声响报警装置的布置与安装应使报警声高于环境噪声水平；

(3) 运行人员和核电厂保卫人员均应接受对核电厂所有火灾报警系统作出恰当响应的培训。培训内容包括确认报警位置的能力和确认已被启动的消防系统的能力。

用于投运固定式灭火系统的火灾信号设备及启动装置应与可靠的供电电源相连接，且在被保护的地区外布线。

应按火灾危害性分析的要求安装手动火灾报警器。固定式灭火系统的手动释放装置上应清晰地注明其用途。手动投运装置线路应设置在受固定式灭火系统保护的区域外。

7.2.3 灭火系统

在核电厂的使用中，自动灭火系统优于手动启动灭火系统，但在作特殊考虑时可选择后者。一般常用的灭火系统有以下几种：

(1) 干式或湿式喷水灭火系统；

(2) 水雾系统；

(3) 二氧化碳灭火系统；

(4) 水-泡沫灭火系统；

(5) 惰化系统。

7.2.4　消防供水

消防供水系统的设计应在各种预计的情况下可确保固定式灭火系统和人工消防设施的供水。

应依据人工消防水龙带的最大用水流量加上所有喷水灭火系统或雨淋灭火系统中的最大设计需求量维持 2 h 合并计算消防用水量。

应提供两路各自独立,可靠的淡水水源,水源应当防结冰,防意外排空。

用于灭火的水源可由下列二者之一提供：

(1) 实际上是无限的天然水体；

(2) 水库,池塘或水箱。

如果淡水水源中没有软体动物,生物积垢或其他可能使消防系统发生堵塞的东西,则可使用淡水水源而不必使用水箱供水。

如果使用水箱供水,则两个水箱应相互连通,以便消防水总管可使用其中一个或同时使用两个水箱供水。两个水箱可用的最小供水量应为 2 400 m^3。对于两个相同机组,至少要用两个 1 200 m^3水量的水箱覆盖两个机组。但是,如果一个水箱或它的管道出现故障不应引起两个水箱排空。

应有防止水质变坏的措施保证消防水箱中贮水的水质。

应提供满足消防系统压力或流量要求的消防泵。

应提供足够数量的消防泵以保证在最大流量的泵发生故障或厂外电源丧失的情况下有100%的流量可利用。

与消防总管相连的独立的消防泵应用分段控制阀分隔开,每台消防泵及其驱动装置和控制器应设置在用防火屏障将其与其他的消防泵分隔开的房间内,这些防火屏障的耐火极限最低为 60 min。柴油消防泵的燃料应妥善贮存和输出,不应引起该消防泵失火。

按照 7.2.2 的规定,在主控室或其他常有人居留的区域应可接收到有关消防供水的监测信号。监测信号包括：

(1) 泵的运行；

(2) 电源故障；

(3) 启动故障；

(4) 相位转换；

(5) 水箱水位；

(6) 泵控制仪表盘在“关闭”位置；

(7) 泵房及水箱水温；

(8) 燃油液位。

消防泵应自动启动并应满足消防操作要求，主消防泵应可由主控制室或就地仪表盘启动。

7.2.5 阀门监督

应对所有的消防供水阀及系统控制阀制定定期检查大纲，这些阀门应用下述方法之一进行监督：

(1) 可在主控制室或其他常有人居留的地区采用声响和可视的电子监测设备，并按月作阀门检查；

(2) 上锁的阀在进行每月的例行检查时打开，其钥匙只有被授权的人才能持有；

(3) 每月对阀门的密封进行检查。

7.3 核电厂火灾自动报警系统简介

7.3.1 火灾探测器简介

火灾探测器是能对火灾参数(如烟、温度、光、火焰辐射、气体浓度等)响应，并自动产生火灾报警信号的触发器件。按响应火灾参数的不同，火灾探测器分为感温、感烟、感光、气体、复合等火灾探测器。

火灾探测器是火灾自动报警系统的重要组成部分。它的可靠性和准确性直接影响到火灾自动报警系统的可靠性和准确性。火灾探测器的敏感元件的灵敏度下降而导致对于火灾不能探测或不能及时探测，或在没有烟雾或火灾险情时误发警报。

根据房间环境的不同和火灾初起阶段可燃物释放出的不同物质，核岛、常规岛厂房中安装了不同类型的火灾探测器，主要有光电感烟火灾探测器、离子感烟火灾探测器、防爆型离子感烟火灾探测器、感温火灾探测器、线性对射火灾探测器、火焰火灾探测器、缆式线型感温火灾探测器等。下面是一些常用火灾探测器的简介。

(1) 感温火灾探测器

火灾时物质的燃烧产生大量的热量，使周围温度发生变化。感温火灾探测器是对警戒范围中某一点或某一线路周围温度变化(包括异常温度、温升速率、温差)时响应的火灾探测器。它是将温度的变化转换为电信号以达到报警目的。根据监测温度参数的不同，一般用于工业和民用建筑中的感温火灾探测器有定温式、差温式、差定温式等几种。

定温式：温度上升到预定值时响应的火灾探测器。

差温式：环境温度的温升速度超过一定值时响应的火灾探测器。

差定温式：兼有定温、差温两种功能的火灾探测器。

感温火灾探测器对火灾发生时温度参数的敏感程度取决于组成该探测器的核心部件——热敏元件。热敏元件是利用某些物体的物理性质随温度变化而发生变化的敏感材料制成。例如：易熔合金或热敏绝缘材料、双金属片、热电偶、热敏电阻、半导体材料等。定温、差定温探头各级灵敏度探头的动作温度分别不高于Ⅰ级 62 ℃、Ⅱ级 70 ℃、Ⅲ级 78 ℃。

感温火灾探测器一般直接置于有危险的设备的上方或周围，它们通常用于感烟探测器会出现误动作的地方，例如可能存在油烟的地方。它也可用于为易燃液体温度上升到某种危险水平提供早期报警。感温火灾探测器适宜安装于起火后产生烟雾较小的场所，不宜安装于平时温度较高的场所。

(2) 感烟火灾探测器

火灾的起火过程一般都伴有烟、热、光3种燃烧产物。在火灾初期，由于温度较低，物质多处于阴燃阶段，所以产生大量烟雾。烟雾是早期火灾的重要特征之一。感烟火灾探测器是响应燃烧或热解产生的固体或液体微粒的火灾探测器。它是将探测部位烟雾浓度的变化转换为电信号实现报警目的的一种器件。感烟火灾探测器有离子感烟、光电感烟、激光感烟等型式的火灾探测器。

离子感烟火灾探测器是点型火灾探测器(响应某一点周围的火灾参数的火灾探测器)，它是在电离室内含有少量放射性物质(镅-241)，可使室内空气成为导体，允许一定电流在两个电极之间的空气中通过，射线使局部空气成电离状态，经电压作用形成离子流，这就给电离室一个有效的导电性。当烟粒子进入电离化区域时，它们与离子相接合，使离子移动减弱，降低了空气的导电性。当导电性低于预定值时，探测器便发出警报。

光电感烟火灾探测器是利用起火时产生的烟雾能够改变光的传播特性这一基本性质而研制的。根据烟粒子对光线的吸收和散射作用，光电感烟火灾探测器又分为遮光型和散光型感烟火灾探测器。

红外光束感烟火灾探测器是线型探测器(响应某一连续线路周围的火灾参数的火灾探测器)。它同前面两种点型感烟火灾探测器的主要区别在于线型感烟火灾探测器将光束发射器和光电接受器分为两个独立的部分，使用时分装相对的两处，中间用光束连接起来。红外光束感烟火灾探测器又分为对射型和反射型两种。

感烟火灾探测器适宜安装在发生火灾后产生烟雾较大或容易产生阴燃的场所，如百货、农副产品仓库等。在具有高电离辐射的场合，不应使用电离室型的探测器，除非所用探测器已就这种使用环境作过相应的鉴定，并执行计划维修大纲以验证它们的持续灵敏度。在确定感烟火灾探测器的安装位置时要确保它们的性能不会受到通风系统的不利影响。它不宜安装在平时烟雾较大或通风速度较快的场所。

(3) 感光火灾探测器

物质燃烧时，在产生烟雾和放出热量的同时，也产生可见或不可见的光辐射。感光式火灾探测器又称火焰探测器，它是用于响应火焰辐射出的红外、紫外，可见光的光特性。即扩散火焰燃烧的光照强度和火焰的闪烁频率的一种火灾探测器。根据火焰的光特性，目前使用的火焰探测器有两种：一种是对波长低于4×10^{-7} m的光辐射敏感的紫外探测器；另一种是对波长大于7×10^{-7} m的光辐射敏感的红外探测器。

紫外火焰探测器是敏感高强度火焰发射紫外光谱的一种探测器。它使用一种固态物质作为敏感元件，如碳化硅或硝酸铝，也可使用一种充气管作为敏感元件。

红外光探测器基本上包括一个过滤装置和透镜系统，用来筛除不需要的波长，而将收进来的光能聚集在对红外光敏感的光电管或光敏电阻上。

红外线探测器和紫外线探测器有能力探测火焰，因此可用于柴油机房这类地方，其内转动机械与易燃液体结合可能导致火灾。

感光火灾探测器宜安装在有瞬间产生爆炸的场所。如石油、炸药等化工制造的生产存放场所。

(4) 可燃气体探测器

可燃气体探测器是对单一或多种可燃气体浓度变化响应的探测器。可燃气体探测器有催化型和半导体型两种类型。

催化型可燃气体探测器是利用难熔金属铂丝加热后的电阻变化来测定可燃气体浓度的。当可燃气体进入探测器时,在铂丝表面引起氧化反应(无焰燃烧),其产生的热量使铂丝的温度升高,而铂丝的电阻率便发生变化。

半导体可燃气体探测器是采用灵敏较高的气敏半导体元件,它在工作状态时,遇到可燃气体,导体电阻下降,下降值与可燃气体浓度有对应关系。

可燃气体探测器仅被用于可能存在易燃气体与空气混合的地方。

(5) 复合式火灾探测器

复合式火灾探测器是对两种或两种以上火灾参数响应的火灾探测器,它有感烟感温式、感烟感光式、感温感光式等几种型式。

(6) 抽吸式早期烟雾探测器

澳大利亚 VESDA 四回路四地址抽吸式早期烟雾探测器,通过分布在被保护区域内的采样管网采集空气样品,经过一个特殊的过滤装置滤掉灰尘后送至一个特制的激光探测器,空气样品在探测器中经过分析,将空气中燃烧产生的微粒加以测定,由此给出准确的烟雾浓度值,并根据使用者先确定的报警浓度值发出火灾警报。

7.3.2 秦山核电厂火灾自动报警系统简介

(1) 秦山核电厂火灾自动报警系统的组成和作用

秦山核电厂火灾自动报警系统由联动控制柜、区域火灾显示盘、区域火灾显示屏(CRT)、火灾自动探测器、火灾手动报警按钮和就地警报装置等组成。火灾报警系统联动控制柜安装在05号厂房-713主控制室,主控火灾显示屏(CRT)安装在主控制室内消防控制屏CB-511上,另外两台火灾显示屏(CRT)分别安装在17号厂房二回路值班室和02号厂房副控制室值班室,另外有一个报警光子牌设置在主控制室控制屏CB-513。

一旦火灾探测器发出报警,主控制室火灾报警系统联动控制柜、主控制室CB-511控制屏、区域火灾显示屏(CRT)和就地警报装置能以声光信号发出报警,相邻两层及本层就地警报装置(声光报警器)同时响起,便于引导运行值班人员能及时判断出火灾发生的部位,火灾报警与核电厂其他系统的报警在声音上是不相同的。火灾报警就地显示盘通常安装在楼梯间及电梯口,就地显示盘上显示的即是本楼层的平面图,并加装发光二极管显示报警点,便于引导运行值班人员能及时判断出火灾发生的部位。

(2) 秦山核电厂火灾自动报警系统的布置和监视要求

秦山核电厂火灾自动报警系统主要在布置生产运行厂房的01号、02号、03号、04号、05号、06号、07号、17号、49号及3台大型高压变压器部位。

在各主要生产运行厂房设置有火灾报警系统探测器。根据厂房内各类设备的不同类型,火灾探测器选用感烟、感温、缆式感温、红外光束、玻璃管压空、红外火焰探测器。考虑到国内生产的感烟火灾探测器有较高的灵敏度和可靠性,在设计中以选用感烟火灾探测器为主,在有的系统和设备间内,在运行时可能产生热或蒸汽的部位增设了感温探测器。在较大空间的场所设置了红外光束探测器。在电缆层设置了缆式感温探测器。在04号厂房主油箱、07号厂房柴油机房及05号厂房柴油机辅助给水房设置了红外火焰探测器。在3台变压器部位(主变压器、厂用变压器、启备变压器)设置了玻璃管压空报警探测器。在发生火灾时,火灾探测器发出报警,火灾探测系统即以声光信号发出报警讯号。

根据秦山核电厂《秦山核电厂消防设施器材检查监督管理制度》的要求,火灾自动报警系统监视采用24 h不间断监视,各类报警盘柜和显示器均设置在有人员值班的场所,实施全天候监视,一旦发生报警,必须立即派专人去现场检查确认,确保报警响应的有效性。

(3) 秦山核电厂火灾自动报警系统的检查和维护管理要求

根据《秦山核电厂消防设施器材检查监督管理制度》的规定,火灾自动报警系统的日常检查分别由运行部、检修部及保卫部各负其责,运行部负责报警系统的日常巡检,发现报警系统有报警,必须立即去现场检查确认,如果是系统误报或是缺陷,应申报缺陷;检修部负责火灾自动报警系统设备的日常检查;保卫部负责火灾自动报警系统的日常监督检查,以及对系统设备维修及缺陷的跟踪。

火灾自动报警系统的维护管理工作日常由检修部负责,每一燃料循环结束,在机组大修期间,由检修部负责委托外部消防专业工程公司,对01号、02号、05号等主厂房火灾自动报警系统的探头进行定期清洗、检测,并对各个系统功能进行检测和维护管理。

7.3.3 秦山第二核电厂(1号和2号机组)火灾自动报警系统简介

(1) 秦山第二核电厂(1号和2号机组)火灾报警系统(JDT)功能

秦山第二核电厂火灾报警系统根据电厂各房间内的设备布置不同类型的探测器,对厂房进行连续监测。一旦发生火警及时给火灾控制主机传送火警信号。火灾探测系统不是核安全系统,但由于在发生火灾时能保护与安全有关的设备,因此该系统的正常稳定运行,对电站的安全起到非常重要的作用。

(2) 秦山第二核电厂(1号和2号机组)火灾报警系统概述

电厂火灾报警系统可分为:

JDT-1:核岛厂房火灾报警探测系统(1号核岛火灾报警系统和2号核岛火灾报警系统);

JDT-2:常规岛厂房火灾报警探测系统(1号常规岛火灾报警系统和2号常规岛火灾报警系统);

JDT-3:技术性厂房(BOP)火灾报警探测系统;

JDT-4:6 kV交流应急供电系统A系列(LHP)、6 kV交流应急供电系统B系列(LHQ)柴油发电机房火灾报警探测系统。

其中将常规岛厂房火灾报警探测系统,通过计算机通讯口传输数据至核岛厂房火灾报警探测系统,组成火灾探测网,便于操作人员集中管理。

火灾报警系统的主要设备包括中央火警监测柜、区域报警控制器、就地模拟盘,各种类型的火灾探测器、手动报警按钮等。系统采用两总线制火灾报警信号传输方式,每个探测器对应一个独立的地址编码,使火灾报警可通过火灾控制柜迅速地、准确地识别火灾报警位置。根据厂房和设备的不同采用不同的探测器,并且不同类型的探测器是相互配合使用,可以进一步提高探测的准确性。

电厂火灾报警系统使用多种探测器,各探测器类型及功能不同,根据现场的具体情况选

用不同的探测器,其中大量使用的有以下几种:

离子感烟探测器。这种探测器能对90%的元件的状态进行自诊断,及时在中央控制柜上显示。

感温探测器:这种探测器能对90%的元件的状态进行自诊断,及时在中央控制柜上显示。

红外火焰探测器:主要用于应急柴油机厂房、核岛厂房和FC油库。

红外对射探测器:目前主要用于设备仓库及AC厂房。

缆式感温探测器:缆式感温探测器主要用于对电缆的检测,探测动作温度在55~140 ℃的范围内,按照正弦波方式铺设在电缆上或设备周围,防潮效果好。

早期烟雾探测器:该系统采用的是澳大利亚VESDA系统,其主要功能是在火灾早期就可发现并发出报警信号,提醒人员作出响应的措施,该系统布置于反应堆厂房主泵间,信号传送到火灾报警控制柜。

氢气探测器:氢气探测器归属火灾报警系统,它主要分布在核岛、常规岛和网控楼内可能有氢气泄漏的房间内,其中核岛8个点、常规岛厂房2个点、网控楼3个点。秦山第二核电厂(1号和2号机组)火灾探测器数分布情况见表7-3-1。

表7-3-1 秦山第二核电厂(1号和2号机组)火灾探测器数分布情况

序号	厂 房 名 称	探测器数量/只
1	1号核岛厂房	772
2	2号核岛厂房	478
3	1号常规岛厂房	1 110
4	2号常规岛厂房	1 122
5	网控楼	324
6	UD1	434
7	UD2	686
8	应急柴油机厂房(4)	160
9	附加柴油机	110
10	BX楼	644
11	BD楼	153

(3) JDT-1:核岛厂房火灾报警探测系统简介

核岛厂房火灾报警探测系统,主要用于监测反应堆厂房(RX)、核辅助厂房(NX)、燃料厂房(KX)、电气厂房(WX)、连接厂房(LX)和反应堆停堆临时过道更衣室(ET)的火灾状况,信号送到公用控制室(L711)火灾报警控制柜。核岛厂房火灾报警探测系统中的探测器数量分配:1号机组772只、2号机组478只。为纯报警系统,不联动灭火设备,只是对现场的声光报警器和就地报警显示盘进行控制。

核岛火灾报警系统其中还包括氢气探测系统和抽气小室探测系统,主要用于有易燃气体部位和重要设备的探测,其中1号核岛包括NC300房间、NA315房间、NC316房间、NB393-394房间、NA398房间、NA494房间、NA495房间、R148房间。易产生可燃性气体，安装有氢气探测系统，报警信息在电气间 1JDT505AR（L605 房间）监测柜和 1JDT561CR（L711 房间）火灾报警控制柜上显示。2 号核岛包括 NC301 房间、NA325 房间、NC326 房间、NC386 房间、NC387 房间、NC388 房间、NC389 房间、R188 房间，易产生可燃性气体，安装有氢气探测系统，报警信息在电气间 2JDT606AR（L647 房间）监测柜和 2JDT662CR（L711 房间）火灾报警控制柜上显示。对于核岛内的主泵安装有监视器、红外探测器和离子探测器为保证对主泵的监测，同时安装有灵敏度高的抽气小室探测系统，通过对主泵间的不间断的抽气分析，对早期微量的烟雾有强的探测能力，加强对重要设备的监测。

(4) JDT－2：常规岛厂房火灾报警探测系统简介

系统分为 3 部分：① 汽轮机厂房（MX）火警探测部分，② 主变压器和厂用变压器火警探测部分，③ 网控楼（TC）火警探测部分。①和②主要用于汽轮机厂房、主变压器和厂用变压器火灾监测。网控楼火警探测系统用于监测整个网控楼和网控楼与汽轮机厂房间的电缆沟火警。

(5) 火灾报警系统涉及的设备

火灾报警控制柜：火灾信息的收集、显示和储存，与消防设施的信号控制等。分布在主控制室、副控制室、常规岛消防控制间、网控楼值班室、UD1 保安值班室、UD2 保安值班室和 EG 楼保安值班室。

CRT 系统：火灾信息以现场布置图的形式在显示屏显示，为值班人员提供准确的火警发生的地点，与火灾报警控制器配套使用。常规岛和网控楼安装有 CRT 系统。

氢气控制柜：氢气报警信息的采集、显示等。

火灾早期探测报警盘：火灾早期探测系统报警信息采集、显示等。

消防控制柜：消防设施启动控制设备。

火灾探测器：现场火灾监测。

火灾报警就地显示盘：现场指示报警部位。

7.3.4　秦山第三核电厂火灾探测和报警系统简介

7.3.4.1　概述

火灾探测和报警系统是一个保护性的信号系统，为了在主要的控制区域内实施不间断的监控。

当核电厂厂房某区域火灾发生时，火灾探测和报警系统启动该区域内的就地报警和主控制室内消防控制屏上的报警（盘号为 67140－PL613）。消防控制屏上相应的报警显示指示出了火灾区域位置并通知了主控制室内的操作人员火灾存在。公共广播系统（PA）用来广播并发出撤离报警。就地控制屏和消防控制屏上的报警信号可以由操作人员手动切除。

消防控制屏单独设置于主控制室内为本系统的运行和监控提供所需的控制及仪表指示。各个系统都以示意图的形式在控制屏上被显示出来，并有报警通告和状态的指示。

7.3.4.2　设计标准和原则

(1) 火灾探测

火灾探测和报警系统是基于美国国家防火协会规范 NFPA 72 的规定，该系统在 98－

67140－TS－701 和 98－67147－TS－400 中得以描述。

1)火灾探测系统执行下列的基本功能：

① 监控被探测区域内的火灾信息；

② 通知建筑物内的人员疏散；

③ 召集有组织的人员投入或协助灭火；

④ 监控灭火系统；

⑤ 监控可能引起火灾的不正常活动；

⑥ 监控火灾探测系统本身；

⑦ 启动灭火系统。

2)火灾探测器的设计原则如下：

① 每一探测区域内的自动火灾探测器的类型选择和设置是由对该区域的火灾危险性评估来确定的。

② 火灾探测器是依据该房间的几何空间，实体阻隔，通风气流以及可燃性材料的燃烧特性来选择的。

③ 为火灾探测器的维护和试验提供方便。

④ 火灾探测器是按照美国国家防火协会规范 NFPA－72 的规定来设计和制造的。

⑤ 在处理废气的活性炭过滤装置处设置感温探测器。

⑥ 沿消防安全出口通道设置手动报警装置，以便立即通报火灾。

⑦ 对探测和报警装置及线路进行保护，以避免系统在探测到火情并发出报警信号之前已遭受破坏。

(2) 火灾报警

火灾报警系统设计原则包括：

1) 火灾报警系统的设计是基于美国国家防火协会(NFPA)的规范 72 的规定；

2) 火灾信号系统在主控制室给出声，光报警；

3) 对于噪声水平高的地点，设置了闪光灯报警；

4) 火灾探测和报警系统由不间断电源供电。

报警信号是由各种类型的火灾探测器，喷淋水流探测器，消防泵的运行继电器及手动报警装置来启动的。主控制室的人员接受到一个报警信号后会立即根据所收到信号的类型和位置作出预设的反应。

故障会给出一个声音信号和可视信号，指示受保护的信号系统线路故障。

该系统由两路电源供电。主要电源由电厂配电系统供给，是一个专用的馈电回路，被明确地标识为“火灾报警控制回路”。备用电源与蓄电池组相连接。在主电源失效时，系统会自动地切换到备用电源，持续供电 24 h。

(3) 灭火设备的自动启动

设计原则包括：

1) 所有的固定式消防系统都可自动启动；

2) 如果有充分的时间，允许操作人员手动启动系统；

3) 由手动启动的系统被设计成为，在操作人员启动系统所需要的时间内，系统可以承受火灾的影响。

(4) 火灾报警控制屏

火灾报警控制屏(中央消防控制屏)能显示如下信息：

1) 声,光报警信号；

2) 直接由火灾探测系统启动的控制功能的指示；

3) 防火区报警地点的指示；

4) 火灾探测和报警系统的电源供应状况；

5) 所需的灭火系统非正常工作状况的指示。

主控制室的操作人员能方便地接近火灾报警控制屏。火灾报警控制屏被联网以便在就地控制屏上可提供点报警。

(5) 设计描述

探测器

设计中采用的探测器都是在 NFPA－72 中认可的类型。探测器具有可调阈值,状态监控和预报警的功能。探测器也可以使用通信巡检协议来进行全数字化通讯。探测是通过一个一体化的微处理器来完成,能够基于储存在探测器头部的火灾参数信息来作出是否报警的判断。

1) 感温探测器

感温探测器有一个温度感应器,能对一个预定的温度值和温升速率作出响应。探测器对它们周围的空气温度进行持续的监控以最大限度地减少由于感温滞后造成的对报警时间的拖延。

2) 离子烟雾探测器

这类离子探测器使用一种单极的离子烟雾感应器来感知周围环境空气采样中的变化。该探测器持续地监控感应器收集到的空气采样,这些采样会反映周围环境中的灰尘,烟雾,温度和湿度的变化。

探测器报警设定值以每英尺烟阻的百分率为单位,可以选择由 0.7%～1.6%。

3) 光电烟雾探测器

这类光电探测器使用一种光散射型的光电烟雾感应器来感知周围环境空气采样中的变化。该探测器持续地监控感应器收集到的空气采样,这些采样会反映周围环境中的灰尘,烟雾,温度和湿度的变化。探测器报警设定值是以每英尺烟阻的百分率为单位,可以在 1.0%～3.5%之间调节。

4) VESDA 探测器

VESDA 是早期烟感探测器的缩写。它是一种抽气式光散射型的高灵敏度探测器。它是通过一个强闪光源,一个大散射室和一个高灵敏的接受器来达到高灵敏度的。VESDA 系统包括三个主要的部件:VESDA 探测器,一个空气采样网络以及 VESDA 控制单元。在探测器的封闭空间内设有一个风扇,用以保证采样空气流经探测室。

5) 火焰探测器

秦山第三核电厂采用的是红外火焰探测器。在红外探测器的感应区内,持续闪烁的火焰释放出红外射线,探测器就被启动了。触发探测器所需的感应时间是可调的。探测器有一个选择开关,用来对灵敏度进行设定。探测器可以探测到 20 m 远,约 0.1 m^2 范围内的火情,反应时间接近 10 s。

7.3.5 田湾核电站火灾自动报警系统简介

火灾自动报警系统是由触发器件、火灾报警装置、火灾警报装置，以及消防控制设备等具有其他辅助功能的装置组成的火灾报警系统。它是人们为了早期发现通报火灾，并及时采取有效措施，控制和扑灭火灾，而设置在建筑物中或其他场所的一种自动消防设施。

核岛和常规岛消防仪控系统

核岛和常规岛消防仪控系统是机组仪控系统的一个组成部分，但又是一个独立设计的自动控制系统。

(1) 消防仪控系统的基本工作原理

1) 消防仪控系统是基于微处理技术的自动化系统；

2) 消防仪控系统是两级控制网络系统；

3) 消防仪控系统是分层结构，高级层经分配网络的专门设备与低级层的本地环网连接；

4) 消防仪控系统在消防行动过程中为操作人员提供建议性信息支持；

5) 消防仪控系统是一个开放系统，利于将来的改进和更新。

(2) 消防仪控系统的两级分层结构组成及功能

低级层，用于收集和处理被保护房间火灾探测器的信息，生成始发“火灾”事件，将该信息转送到高级层，诊断火灾信号设备和回线的状态，控制灭火装置的执行机构。

消防仪控系统低级层包括：

1) 火灾探测器、手动火灾报警按钮；

2) 消防系统工艺参数测量传感器；

3) 程序控制器：火灾接收控制装置(FP RCD)；

4) 火灾警报装置(指示器、警笛)。

高级层，用于集中控制环网，从消防控制站遥控灭火装置的执行机构，给操作人员提供信息支持，自动记录火灾发生和灭火过程和信息。高级层负责将火灾信息转送到机组仪表和控制系统，全厂级管理人员(电站值长)，核电厂消防部门，通风仪控系统和通风消防仪控系统，显示动力机组厂房所有房间的消防状态。高级层的主要功能如下：

1) 消防信息的集中和处理；

2) 自动集中控制和将操作指令中转给低层级火灾接受控制装置(FP RCD)；

3) 生成信息并输送给相应的消防控制系统；

4) 控制本地环网；

5) 日常和库存数据的处理。

消防仪控系统的高级层主要布置在控制厂房(UCB)，控制中心在机组主控制室、辅控制室。

(3) 厂房内设有火灾探测系统的房间

1) 电缆间、电缆竖井、电缆隧道，以及双层安全壳间的电缆间；

2) 控制室、电气房间；

3) 应急柴油发电机房的房间；

4) 备用柴油发电机房的房间；

5）机组变压器；

6）油系统房间；

7）疏散走道；

8）核电站除淋浴室、卫生间、楼梯间、没有火灾荷载房间外的其他房间。

每个房间设置不少于两个火灾探测器。

（4）火灾报警系统的工作流程

从被保护房间的火灾探测器环线生成信号，送到信息接收和处理机构（火灾接收控制装置 FP RCD），此时，火灾接收控制装置生成下列信号：

1）一个火灾探测器动作显示“预警”；

2）两个火灾探测器动作显示“火灾”；

3）环路故障“故障”。

在火灾接收控制装置（FP RCD）中生成“火灾”信号时，启动控制所有阻止火灾蔓延的机构，同时启动灭火、排烟和火灾警报装置。

这些信号转送到：

1）被保护房间的火灾警报装置；

2）主控制室和辅控制室的控制装置；

3）主控制室和辅控制室的显示屏。

火灾警报系统（光和声信号）设置在装有自动灭火装置的房间。

在主控制室和辅控制室的消防控制站和显示屏上的火灾信号伴随有声音和闪光。在消防控制站的控制器上出现“报警”、“火灾”、“故障”信号；在显示屏上用两种颜色显示：① 黄色表示“警报”（对应“预警”和“故障”）；② 红色表示事故信号“火灾”。

（5）手动火灾报警按钮

手动火灾报警按钮是用手动方式产生火灾报警信号、启动火灾自动报警系统的触发器件。主要安装在核岛常规岛厂房的疏散走道、楼梯间中。

（6）火灾接收控制装置（FP RCD）

火灾接收控制装置是消防仪控系统低级层的重要组成部分，主要功能有：

1）火灾报警环路信号的接收和处理；

2）检查火灾信号环路的完好性和完整性；

3）检查气体灭火启动装置控制路线的完整性；

4）接收来自工艺参数传感器的信号（房间里消防供水管道内的水压和消防水池的水位等）；

5）防火门关闭状态的控制；

6）消防执行机构状态和变压器断路器状态间断信号的接收和处理；

7）启动火灾房间的声光报警装置；

8）打开火灾房间气体灭火装置启动机构的电磁阀；

9）启动消防泵、打开电缆间、油系统房间和变压器的水喷雾灭火装置的压力供水管上的阀门；

10）打开消防水池供水管道上的阀门。

火灾接收和控制装置（FP RCD）安装在被保护房间的附近。

7.4 核电厂灭火系统简介

7.4.1 秦山核电厂灭火系统简介

(1) 消防水系统的组成及原理

秦山核电厂消防水系统由消防泵、消防水池、稳压泵、管道、阀门、消防栓及其他附件组成。

电站专设了11号消防泵房,泵房内设有两台100%容量的消防泵,每台容量大于8.5 L/s。在一台投入运行时,另一台处于备用状态,泵房内另有两台立式消防稳压泵和一台排污泵。泵房外有两个600 m^3的消防水池,在70 m标高的山上有一个50 m^3的稳压水池,这3个水池是专供消防用的水池。此外为保证消防水不失水或管网发生无法稳压的情况,在工业水与消防水交界处有一个消防联通阀,特定情况下可打开联通阀,工业水即可供入消防管网。这样,在任何情况下消防用水都有可靠的保证。

消防水系统遍布整个厂房,厂房内每隔约40 m设有一只直径为50 mm或直径为65 mm消防栓并配有消防水带及水枪,主干道旁每隔80 m设有地上式消防栓,可供消防车辆吸水或直接取水灭火。

喷淋(雾)灭火系统,在01号、02号、05号厂房的电缆层(井)以及核岛厂房内的活性碳排风过滤间安装有固定的雨淋阀水喷淋灭火系统;在3台变压器(主变压器、厂用变压器、启备变压器)区域安装有雨淋阀水喷雾灭火系统;在07号厂房3个柴油贮罐间安装有水喷淋灭火系统。

(2) 固定灭火系统的组成和原理

固定灭火系统主要指七氟丙烷灭火系统及泡沫灭火喷雾系统。

七氟丙烷固定灭火系统共有三套独立的系统,分别设置在三个区域,07号厂房的三台柴油机房、05号厂房的三个辅助给水泵房、02号厂房的4台泵房(两台停堆冷却泵房、两台喷淋泵房)。三套七氟丙烷灭火系统设有管网组合分配系统,每个系统是通过专设管网铺设到各个被保护的房间内,若有一个被保护的房间发生火情,通过该区域瓶组间内的灭火剂向被保护的房间喷放灭火剂达到灭火,原3个区域各设了一套灭火瓶组(瓶组的设计容量是根据各被保护区域房间空间容积计算的,三个区域瓶组设计分别是:07号厂房柴油机房11个瓶组、05号厂房辅助给水泵房3个瓶组、02号厂房四个泵房4个瓶组),它的设计理念是组合分配,也就是说每个区域不能同时发生火情,若是有一个区域内发生火灾,只能优先保护最早发生火灾的部位。

泡沫喷雾灭火系统,在04号厂房润滑油罐部位,安装有泡沫喷雾灭火系统。泡沫喷雾灭火系统依据中国工程建设标准化标准CECS156:2004《合成型泡沫喷雾灭火系统应用技术标准》设计。泡沫喷雾灭火系统只保护一个保护区域,泡沫灭火剂的供给强度为4 L/min·m^2,连续供给时间10 min,在其所保护的区域内设置独立的火灾自动报警联动系统。泡沫喷雾灭火系统具备的功能:保护区域内具有独立的火灾探测、报警、灭火控制及泡沫喷雾灭火功能;灭火系统具有自动、手动两种电启动方式和人工应急强制启动方式,抑制惰化系统具有手动电启动方式和机械应急强制手动控制方式;在自动方式下,系统具备在火灾探测器动作情况下，自动进行泡沫喷雾灭火的功能，在开始释放气体前，具有 0～30 s 可调的延时功能，同时在保护区内外可发出声光报警，以通知人员疏散撤离；在手动电启动方式下，人员可在保护区外，利用启动按钮启动泡沫喷雾灭火设备，释放前同样具有延时声光报警功能(这种手动启动方式在自动状态下同时有效)。泡沫喷雾灭火系统还具备紧急操作功能：在系统因电或控制装置故障等原因造成灭火装置无法电启动时，可以利用人工气动或机械的方式开启泡沫喷雾灭火装置进行灭火；无论是采用自动或手动按钮方式启动了气体灭火装置时，在开始释放前的延时阶段，均可以在区域外利用手动紧急停止按钮，终止；无论在手动或自动状态下，任一火灾探测器的动作都会引起有效的报警。

7.4.2　秦山第二核电厂(1 号和 2 号机组)灭火系统简介

7.4.2.1　秦山第二核电厂(1 号和 2 号机组)消防水生产、分配及气压供给系统简介

(1) 秦山第二核电厂消防水生产系统(JPP)

1) 消防水生产系统的功能

消防水生产系统的功能是为核岛、常规岛厂房和厂内其他区域提供 1.0 MPa(表压，以核岛地面 0.0 m 计起)运行压力的消防水，为消防水分配系统(JPD)提供消防水。

消防水生产系统与安全无关，但它仍是一个很重要的系统。从消防的角度出发它为核电站消防提供安全保证。同时又通过消防水分配系统(JPD)为与核电站安全有关的辅助给水系统(ASG)提供应急供水。本系统不是与安全有关的系统。

2) 消防水生产系统构成

消防水生产系统由 2 个水池、4 台消防泵及管网(包括阀门和仪表)组成。每机组有一个有效容积为 1 500 m^3 的消防水池，可以提供 2 h 的最大消防用水量。每机组设有 2 台消防水泵，它们分别由 A 系列和 B 系列供电，事故时由应急柴油发电机供电。

消防水生产系统设计基准：消防水泵的启动由位于泵排出口处的压力开关控制，压力开关位于泵排出口标高－23.4 m 处，消防水泵出口处管网正常压力约为 1.23 MPa(g)。根据泵出口处压力下降到下列不同限值相应地启动一台或几台消防水泵：当管网压力低于 1.18 MPa(g) 时，1JPP001PO 启动；当管网压力低于 1.13 MPa(g)时，2JPP001PO 启动；当管网压力低于 1.08 MPa(g)时，1、2JPP002PO 同时启动。压力阈值的选择原则如下：

① 保证 JPP 泵的最不利情况下稳压罐不被排空

当消防管网动作时，随着管网压力的不断降低，消防泵陆续启动。这时如果出现第一、二台泵均失效的情况，则要等到管网压力降到第三、四台泵启动压力限值，第三、四台泵才能启动。两台泵启动后，管网改由消防水池取水。即在 JPP 泵的这一最不利情况下，当第三、四台泵启动以前稳压水罐必须保证不被排空。

② 当必须时仅启动一台泵

为满足原则，当管网压力降至第一台泵的启动压力 1.18 MPa(g)后，稳压水罐必须保持一定的压降速度使第一台泵开始供水前管网压力不能降至第二台泵的启动压力值 1.13 MPa(g)(即要求稳压水罐维持管网从 1.18 MPa(g)降至 1.13 MPa(g)的时间应大于 35 s)。

③ 提供系统异常运行的报警信号

消防水池液位信号传至主控室并设高低液位信号。管网设压力报警信号。启动报警信号的压力定值是 1.18 MPa(g)。这一报警仅用于系统处于稳态条件时。

(2) 秦山第二核电厂消防水分配系统(JPD)

1) 消防水分配系统(JPD)的功能

消防水分配系统的功能是将标高 0.0 m 处(从核岛地面计起)管网压力为 1.0 MPa(g)的消防水分配给核岛、常规岛、BOP 各建筑物及厂区,此外还提供辅助给水系统(ASG)的应急用水。

2) 消防水分配系统构成及布置

消防水分配系统有两根总管(9JPD001、9JPD002,DN-300 mm)经 GA 沟管廊将消防水从消防水生产系统(JPP)送至核岛。总管中的消防水再通过若干支管分配给核岛中的 JPI、JPV、JPL、ASG 等各系统。此外总管延伸至常规岛。消防水生产系统(JPP)与消防水分配系统连接处设有两个电动隔离阀(9JPD003VE、9JPD004VE)。消防水分配系统与通往非抗震级的常规岛管道连接处设有两个电动隔离阀(9JPD001VE、9JPD002VE)。上述两阀门均符合 1A 级抗震要求,可由主控制室或就地进行控制。消防水分配系统室外管网中的室外消火栓从环网上接出,管道为非抗震级,阀门为手动。此外,油脂及润滑油储存库(FC)、辅助变压器(JX)和辅助锅炉房(VA)室外变压器的消防用水也从消防水分配系统室外管网接入,以供给水喷雾灭火设备的设备用水。

在每座汽轮机厂房内有一个环状配水主管路,其一端有一根消防进水管自消防泵(核岛)方向来,该进水管上设置一只信号闸阀,在另一端,两座汽轮机厂房环状消防配水主管之间设置一根连通管,作为每座汽轮机厂房的第二根进水管。在每座汽轮机厂房内,该连通管上各设置了一只信号闸阀。每一根进水管都能为汽轮机厂房提供 100% 消防用水量及水压。在每座汽轮机厂房环状消防配水主管还设置一只泄压阀,泄压阀用于当管网压力超过允许压力值(整定压力为 1.05 MPa)时泄压,泄压阀前设有闸阀和过滤器。

用于网控楼的消火栓与电缆间的预作用水喷雾灭火系统的消防水管道不相连通,前者与网控楼生活上水道合并,管道呈枝状布置,自室外消防生活管网进水,进水管上设置一只闸阀;后者独立一根进水管自室外高压消防管网进水,进水管上设置一只信号闸阀。闸阀和信号闸阀均常开,检修需要时关闭。

辅助变压器雨淋水喷雾系统直接自室外高压消防管网进水,进水管上设置常开信号闸阀(检修时关闭)。本系统进水管线上设有 4 套消防水泵结合器,以便消防车向本系统供水。此外,本供水管线还作为一回路两台变压器(辅助锅炉供电)消防系统供水管,其连接点位于辅助变压器消防系统连接点之后。

3) 消防水分配系统(JPD)的运行

在电站运行或停运期间,消防水分配系统(JPD)随时可以运行;JPP 消防泵处于停运状态,电动隔离阀 9JPD001VE、9JPD002VE 打开。

全部管道均充以压力为 1.0 MPa(g)的水,压力由位于常规岛内的稳压水罐维持。设有 3 个加压稳压水罐,每个稳压水罐可用的消防水容积为 6 m^3,在 1 min 内可向消防管网提供 12 m^3 水量,连同稳压水罐补水泵补给流量在内能在 JPP 消防水泵自动启动前对初起火灾进行灭火。

火灾期间随着消防水需求量增加,JPD 管网压力的降低,JPP 系统自动启动。

(3) 消防水系统的气压供水系统(JPH)

消防水系统的气压供水由常规岛气压供水系统(JPH)完成。

1) JPH 系统功能

常规岛气压供水系统平时维持全厂消防管网压力在 1.0～1.05 MPa。消防时提供初起阶段 12 m^3 消防水量(相当于 1 min 设计消防水量),此期间本系统供水压力为 1.0～0.8 MPa,此后尚有近 10 m^3 水量可用,但此时不考虑任何水压要求。

2) 消防水系统的气压供水系统(JPH)构成

本系统由 3 个气压罐(均为使用罐)、2 个补气罐(一用一备)、2 台补水泵(一用一备)、两台补气泵(一用一备)、一个消防水箱及就地控制柜 1JPH001CR 组成。

3) 消防水系统的气压供水系统(JPH)的工作原理

设备在投入正常运行后,气压罐内调节水位保持在 h_4～h_3(目视液位计的 2/5～4/5)之间,调节压力保持在 P_4～P_3[0.98～1.02 MPa(g)]之间。由于管网系统渗漏等原因,气压罐内水位、压力会逐渐下降(管网系统压力下降),当水位下降到 h_3 位置时,补水泵开始向罐内补水到 h_4 时停止;当气压罐压力降到 P_3 时,补气泵开始向罐内补气到 P_4 时停止。在火警时,只要消火栓或喷淋等设施动作时气压罐内的水可及时向消防管网系统供水,同时罐内压力降到 P_2 时,控制系统可自动启动消防主泵供水。当其中一台消防主泵故障时备用泵可自动投入运行。

4) 补气泵与补水泵之间的逻辑联锁关系

补水泵优先于补气泵运行,两套设备不会同时运行。当稳压罐水位达到稳压低水位 h_3 时,不论补气泵处于何种工作方式(手动除外)都将暂时停止运行,补水泵启动给稳压罐补水。当稳压罐水位到达 h_4 时补水泵自动停止,若补气泵在稳压罐液位降到 h_3 时是运行的,则仍将继续原来的运行方式;若原来是停止的则仍将保持停止状态。

7.4.2.2 核岛与常规岛厂房(1 号和 2 号机组)固定灭火系统

(1) 核岛厂房灭火系统(JPI)

1) 核岛厂房灭火系统(JPI)的功能

核岛厂房灭火系统是为了扑灭在核岛内可能发生的火灾而设立的。该系统涉及区域包括反应堆厂房、燃料厂房和核辅助厂房。

JPI 不属于安全有关的系统。但它应能保证火灾不会影响电厂安全停堆功能的执行,而且也不会明显增加放射性释放到环境中去的危险。

2) 核岛厂房灭火系统构成

核岛厂房灭火系统由下列组成:总管网、反应堆冷却剂泵和上充泵房间灭火系统、汽动和电动辅助给水泵房间灭火系统、核辅助厂房环形走廊灭火系统、−7.00 m 和 −3.40 m 电缆廊道灭火系统。

① 总管网

核岛厂房内的每层楼均设有消防栓,它们可到达可能有火灾的任何部位。

反应堆厂房内的 6 根立管(每机组 3 根)及核辅助厂房、设备冷却水厂房和燃料厂房内的各两根立管(每机组 1 根)均为干式的。当火灾发生时,运行人员可以开启相应的常闭阀门后进行灭火。

核辅助厂房的电缆及管道环形走廊处的两根立管、−7.00 m 和 −3.40 m 电缆廊道的 4 根消防立管和连接厂房内供辅助给水泵消防的两根立管为直接与 JPD 系统相连的湿式立管。

② 反应堆冷却剂泵和上充泵房间灭火系统

在每个机组的反应堆厂房内分别设置了两台反应堆冷却剂泵和 3 台上充泵。每台反应堆冷却剂泵和上充泵房间设置单独的开式水喷雾灭火系统。这些泵房发生火灾时,是由除盐水箱提供的除盐水进行扑灭的。除盐水是由CO_2气瓶提供压力送入开式喷水管网的。除盐水的喷水时间为 3 min，平均喷水强度为 15 L/min・m²，最小喷水强度不得低于 10 L/min・m²。用于反应堆冷却剂泵房间的除盐水箱总容积为 3.6 m³，有效容积为 2.8 m³；用于上充泵房间的除盐水箱总容积为 1.43 m³，有效容积为 1.3 m³。

反应堆冷却剂泵和上充泵房间灭火系统的启动可由控制室远距离启动或在就地启动CO_2释放阀来实现。二氧化碳经过孔板使水箱得到 0.80 MPa 的绝对压力，水箱均装有安全阀，安全阀的动作压力为表压 0.83 MPa。

如果火灾未被水箱内贮存的除盐水扑灭，则消防水分配系统的生水可作为备用水源进行第二阶段灭火。对于上充泵房间灭火系统，备用水源消防水分配系统接自核辅助厂房NAB楼梯间内设置的干式立管。当使用此水源时，需派人员用软管连接消防水分配系统的管道，就地手动打开供水阀门。而对反应堆冷却剂泵房间灭火系统，备用水源消防水分配系统则来自反应堆厂房的干式立管。当使用此水源时，需派人员用软管连接消防水分配系统管道，由控制室或就地启动供水管路上的隔离阀进行供水。

③ 汽动和电动辅助给水泵房间灭火系统

每台汽动和电动辅助给水泵房间灭火系统是采用闭式水喷雾系统，母管上阀门常开，直接与消防水分配系统相连。当环境温度达到 68 ℃时，闭式喷头上的玻璃球罩自动破裂，水喷雾系统开始动作进行灭火。该系统平均水喷雾强度为 15 L/min・m²，对每台辅助给水泵需予以保护的表面积约 10 m²。

④ 核辅助厂房环形走廊灭火系统

核辅助厂房环形走廊(+5.00 m)灭火系统是带有泄漏控制装置和双重隔离阀的闭式水喷雾系统。当环境温度达到 68 ℃时，闭式喷头上的玻璃球罩自动破裂，水喷雾系统开始动作进行灭火。该系统的水喷雾强度为 15 L/min・m²。

⑤ −7.00 m 和 −3.40 m 电缆廊道灭火系统

电缆廊道灭火系统采用的是带泄漏控制装置和双重隔离阀的闭式水喷雾系统。由于 −7.00 m 层电缆布置在廊道一侧，而 −3.40 m 层电缆分布在廊道两侧，故闭式喷头的布置也与电缆相对应，楼板上下相对应的电缆廊道的闭式喷淋管网为同一根消防水分配系统管供水。

当环境温度达到 68 ℃时，闭式喷头上的玻璃球罩自动破裂，水喷雾系统开始动作进行灭火，该系统水喷雾强度为 15 L/min・m²。

(2) 常规岛及网控楼灭火系统(JPT)

1) 常规岛及网控楼灭火系统(JPT)的功能

常规岛喷水灭火系统包括室内消火栓和专用喷水(包括轻水泡沫)灭火系统，前者用于控制和扑灭整个汽轮机房和网控楼的火灾，后者用于控制和扑灭下列区域的火灾。

① 汽轮机厂房−7.20 m 层

电动主给水泵(每机组 3 台)；

发电机氢密封油装置；

电缆桥架；

汽轮机房大厅(其他灭火系统覆盖范围除外)。

② 汽轮机房 0.00 m 层

主润滑油箱、冷油器、油净化装置；

电缆桥架和汽轮机润滑油管道；

汽轮机房大厅（其他灭火系统覆盖范围除外）。

③ 汽轮机房 8.30 m 层

汽轮机轴承。

④ 变压器

主变压器（每座汽轮机房配 A、B、C 三相）；

厂用变压器 A；

厂用变压器 B；

辅助变压器（两台，位于 220 kV 变电站）。

⑤ 网控楼

电缆间。

2）常规岛及网控楼灭火系统（JPT）构成

常规岛内的喷水灭火系统有下列各种不同的型式：

① 预作用水喷淋灭火系统

每个预作用水喷淋灭火系统均接自其所在消防阀门站供水总管。每个系统首端依次串接一只信号闸阀和一套预作用阀，信号闸阀常开，预作用阀常闭。预作用阀后管网平时为干式，且由微型空气压缩机维持低压空气，以检查管网是否损坏泄漏。本系统采用闭式玻璃球喷头，额定温度为 68 ℃，用于汽轮机房－7.20 m 层和 0.00 m 层大厅。

② 预作用水喷雾灭火系统

每个预作用水喷雾灭火系统均接自其所在消防阀门站供水总管。每个系统的首端依次串接一只信号闸阀和一套预作用阀（用于汽轮机轴承的预作用系统在低压空气维持装置接入点后还安装了一只信号闸阀，试验时关闭此阀，避免水进入防护区域管网），信号闸阀常开，预作用阀常闭。预作用阀后管网平时为干式，且由微型空气缩压机维持低压空气，以检查管网是否损坏泄漏。鉴于保护对象不同，本系统设有两种不同型式的喷嘴：

a. 闭式定向玻璃球水喷雾喷嘴。该型喷嘴用于汽轮机轴承和电动主给水泵预作用水喷雾灭火系统。

b. 开式高速水喷雾喷嘴。系统中的开式水喷雾喷嘴分成若干组，每组有几只开式水喷雾喷嘴和一只多功能阀（玻璃球）组成，使系统形成闭式系统。该型喷嘴用于汽轮机房－7.20 m 层、0.00 m 层和凝结水精处理车间内的电缆桥架及网控楼电缆间内的电缆桥架。

③ 开式水喷雾灭火系统

每个开式水喷雾灭火系统均接自其所在消防阀门站供水总管。每个系统的首端依次串接一只信号闸阀和一套雨淋阀，雨淋阀后均安装了一只信号闸阀，试验时关闭此阀，避免水喷到防护区。信号闸阀常开，雨淋阀常闭。本系统采用开式高速水喷雾喷嘴，主要用于扑灭汽轮机主润滑油箱和油冷却器、发电机氢密封油装置、主变压器（三相）、厂用变压器 A、厂用变压器 B 及辅助变压器（两台）的火灾。

④ 轻水泡沫灭火系统

本系统起端接自其所在消防阀门站供水总管，并依次串接一只信号闸阀和一套雨淋阀，雨淋阀后管道先串接泡沫比例混合器，然后再串接一只信号闸阀。信号闸阀常开，雨淋阀常闭。本系统采用开式泡沫喷淋头，主要用于汽轮机润滑油室，扑灭润滑油室内流散油引起的火灾。

⑤ 室内消火栓系统

每座汽轮机房的室内消火栓系统都有一个 DN150 mm 的环状管道，设有两根 DN150 mm 进水管，接自汽轮机房内 DN400 mm 环状消防配水管道，进水管上均设有常开闸阀，消火栓系统环状管道上设有若干常开闸阀，以便检修时隔离。消火栓布置在汽轮机房各层，汽轮机房最高楼梯间设试验消火栓 1 只，每座汽轮机房共设 63 个消火栓。汽轮机房室内消火栓系统用于扑灭整个汽轮机房的火灾。

网控楼室内消火栓管道与饮用、空调水管道合并，管道枝状布置，每层布置消火栓，且屋顶设试验消火栓 1 只。网控楼室内消火栓防护整个网控楼。

(3) 常规岛固定式七氟丙烷灭火系统

JPM 系统的功能：

常规岛固定式七氟丙烷灭火系统用于控制和扑灭下面区域的火灾。

1) 汽轮机房 0.00 m 层(包括 3.85 m 层)：

① 380 V 配电装置室；

② 6 kV 配电装置室(位于 3.85 m 层)；

③ 蓄电池室(两间)；

④ 直流配电间；

⑤ 凝结水精处理车间配电间；

⑥ 凝结水精处理车间控制室。

2) 汽轮机房 8.30 m 层：

① 电气继电器室；

② 单元管理机打印机室；

③ 继电保护维护室；

④ 暖通控制室。

3) 网控楼 0.00 m 层：

① 蓄电池室；

② 直流配电室；

③ 配电间；

④ 高压实验室。

4) 网控楼 3.80 m/4.60 m 层：

① 通信检修及仪器仪表室；

② 通信机房及值班室；

③ 通信电源室；

④ 电缆间(位于 4.60 m 层)。

5) 网控楼 7.60 m 层：

① 控制室；

② 仪表试验室；

③ 远动机房；

④ 继保试验室。

6) 220 kV 变电站：

电缆隧道(位于 6 kV 配电间下方)。

系统构成及设备简介：

1) 系统构成

汽轮机房和网控楼固定式七氟丙烷灭火系统采用全淹没式组合分配系统(共 9 套),七氟丙烷灭火剂量考虑 100%备用。220 kV 变电站内配电间下方的电缆隧道采用独立系统(1 套),不考虑七氟丙烷灭火剂备用量。每个防护区面积小于 500 m^2,体积小于 2 000 m^3。

汽轮机房和网控楼固定式七氟丙烷灭火系统的分组情况如下：

汽轮机房一组:380 V 配电装置室、6 kV 配电装置室。

汽轮机房二组:蓄电池室(两间)、直流配电室、凝结水精处理车间配电间、凝结水精处理车间控制室。

汽轮机房三组:电气继电器室、单元管理机打印机室和继电保护维护室、暖通控制室。

网控楼一组:蓄电池室、直流配电室、配电间、高压实验室。

网控楼二组:通讯检修及仪器仪表室、通信机房及值班室、通信电源室。

网控楼三组:控制室、控制室吊顶上方、仪表试验室、远动机房、继电保护试验室、4.60 m 层电缆间。

每一组组合分配系统均由七氟丙烷灭火剂钢瓶组、启动钢瓶(充 N_2)组、就地执行盘、选择阀、喷嘴及管道和附件组成。

2) 设备简介

七氟丙烷钢瓶充装压力(4.2±0.1) MPa,充装密度 1 000 kg/m^3,钢瓶容积有 401、701、901 三种规格。

启动钢瓶(充 N_2)充装压力(6.0±0.1) MPa,钢瓶容积 4.2 L。

七氟丙烷钢瓶和启动钢瓶充装介质不允许发生泄漏,当七氟丙烷灭火剂重量下降 5%或压力指示下降 10%,启动瓶压力指示下降 10%时,均应及时充装,恢复至正常工作状态。

3) 系统控制原理

每个七氟丙烷灭火系统所防护的区域均布置了两种火灾探测器,当任一种火灾探测器有探测动作时,火警探测系统(JDT)中的火警探测控制器、楼层显示器和防护区声光报警器作出报警;当两种火灾探测器同时有探测动作时,火警探测控制器向对应的七氟丙烷灭火系统就地执行盘发出启动七氟丙烷灭火系统的指令。

在自动状态下,七氟丙烷灭火系统就地执行盘接到灭火指令后,向空调通风系统发出关闭其有关装置的信号,相应防护区门上的声光报警器立即发出声光报警信号,延时(0～30) s(可调)后自动喷出灭火剂,延时期内撤离人员、关门窗和有关空调、通风装置。

手动状态下,当人员接到火灾报警后,进行人工确认,手动操作防护区门旁手动控制盒或七氟丙烷就地执行盘中的启动按钮,此后与空调通风装置的联动、延时、人员疏散、关门窗等情况与自动情况相同。此外还可在钢瓶间机械手动启动,但操作前务必关闭门窗和有关空调通风装置、疏散人员等。

7.4.3 秦山第三核电厂灭火系统简介

7.4.3.1 消防水系统

（1）系统设备的总体描述

厂区消防水系统分为主消防水系统和抗震消防水系统，主要有消防水源、消防水泵、供水管网、灭火喷淋阀及消火栓等设备组成。消防水系统所有的管道和设备均为红色。

消防水源取自消防水和电厂应急水系统合用的应急水池，总容量约 14 030 m^3，其中消防水储量约 2 300 m^3，该水量至少能供应一台主消防泵运行 4 h 的水量。全厂的设计消防水流量约 162 L/s，它是由一个变压器区雨淋-水喷雾系统的最大喷水量和 4 个消防栓共 53 L/s 用水量同时作用时来确定的。系统的设计压力满足最高最远设备的要求，在 100.53 m 标高处主消防泵的出水管处的压力是 1 137 kPa(165 psi)。

正常运行时系统压力由稳压泵维持，稳压泵的自动启动压力为系统压力低于 1 068 kPa (155 psi)，当系统压力高于 1 137 kPa(165 psi)稳压泵继续运行 5 min 后自动停止运行。发生火灾后当系统压力降低时两台主消防泵将相继自动启动，两台主消防泵的自动启动压力分别为系统压力低于 1 033.64 kPa(150 psi)和 964.73 kPa(140 psi)。主消防泵只能在就地手动停运。

当电站失去 IV 级电源后，主消防泵和稳压消防泵将失去动力电源和控制电源。当备用柴油机启动，III 级电源恢复带载 0 s 后，主消防泵和稳压消防泵的动力电源和控制电源也将同时恢复。

消防水通过 YARD 区域的环网进入 T/B、S/B、WTP、CCW P/H 等厂房，正常运行时，R/B 厂房的消防水经由 S/B 厂房提供。当发生地震后非抗震消防水不可用时，EPS(应急柴油机系统)启动提供应急电源给抗震消防泵，在 SCA 或 ESW 泵房的就地控制盘上启动抗震消房泵，在 SCA 手动切换水源，由抗震消防泵给 R/B 厂房提供消防水。消防水系统简图见图 7-4-1。

现场共采用四种消防水灭火方式，即湿式喷淋、雨淋/水喷雾喷淋、预作用喷淋等三种自动喷淋灭火和消火栓手动灭火。

（2）消防水池(应急水池)

消防水源与应急水源来自同一水池，其上部为消防用水，下部为应急用水。在电站正常运行期间，消防水系统运行时可以满足一个最大防火区(变压器区域的一个喷淋阀)和 4 个消防栓同时使用时的水量，在这种情况下消防水的储量可以为消防系统提供 4 h 的供水。由于 EWS 水有富裕的水量，在消防泵低液位自动停泵后，如果需要，操纵员可以转到手动控制位置，再次手动启动主消防泵，这些富裕的水量可以为主消防泵提供约 5 h 的水量。消防水池的补水分为正常运行期间的补水和紧急情况下的补水，在正常运行情况下，由于水池水面的蒸发会产生水的消耗，因此需要正常补水。为保证水池水的质量，正常补水来自附近的水厂的两个生活水贮存箱，靠重力向水池供水，满足水池的正常消耗。

消防水池的紧急补水是由秦山一期和秦山二期给秦山三期水厂供水的管线提供的原水，这两个方向的来水是相互独立的。来自秦山一期的水源，可以提供 340 m^3/h 的流量，来自秦山二期的水源，可以提供 170 m^3/h 的流量，他们都可以在 8 h 内为消防水池提供足够的水量，如图 7-4-2 所示。

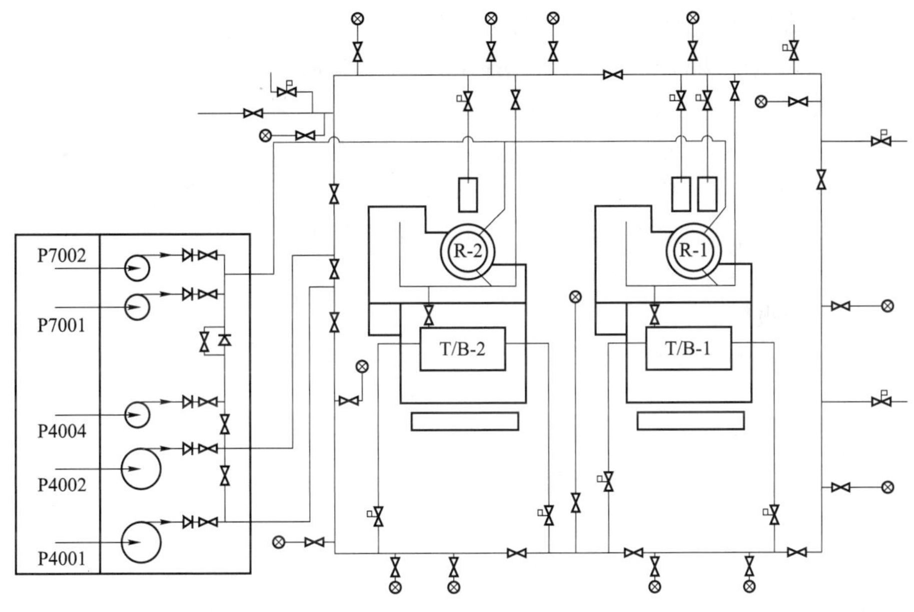

图 7-4-1 消防水系统简图

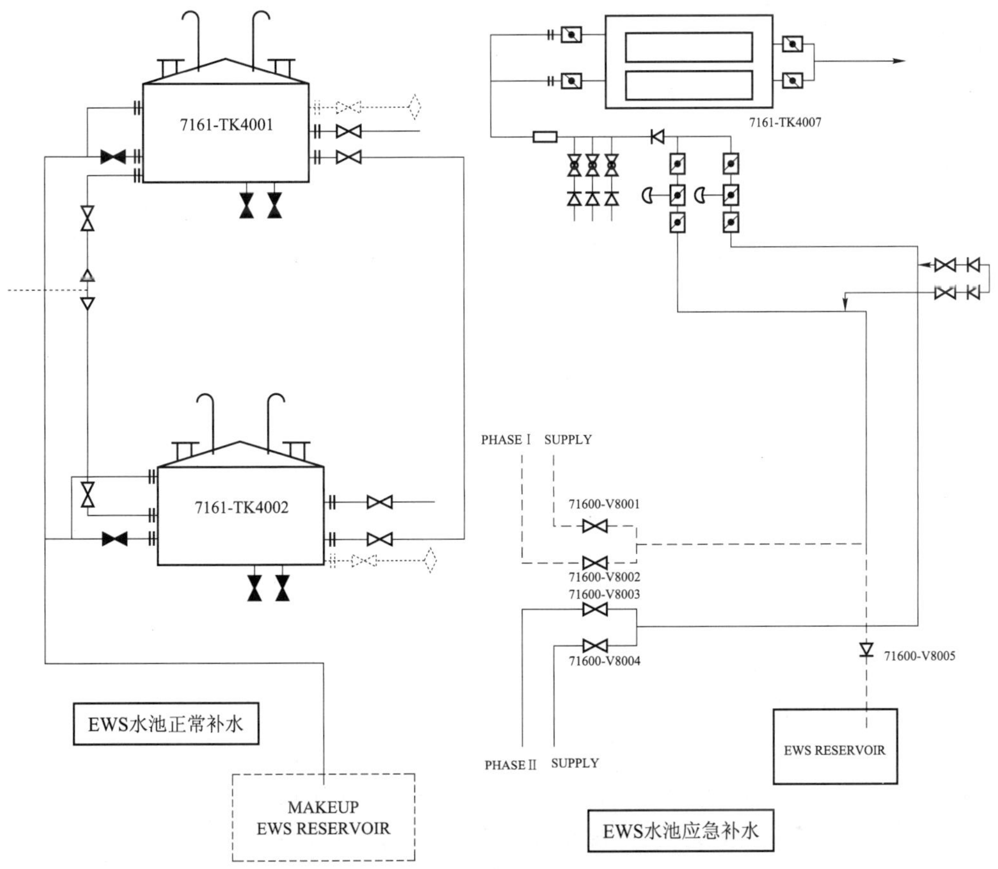

图 7-4-2 消防水池的紧急补水和正常补水简图

(3) 非抗震消防泵、稳压泵、抗震消防泵

消防水泵房设置有两台非抗震的主消防水泵，每台泵额定流量 567.79 m^3/h，额定压头 106 m，在未发生地震的情况下可给整个电厂提供消防用水，另外还设置了两台抗震的消防水泵，每台泵在 1 000 kPa(g)的压力下流量为 46.08 m^3/h，在发生地震而且非抗震消防泵不可用的情况下，给反应堆厂房提供消防用水，每台泵(包括非抗震的主消防水泵和抗震的消防水泵)都有独自从水池取水的取水口。为了维持系统的压力还设置了一台稳压泵，使消防水系统的压力保持在 1 137 kPa(g)。

(4) 就地消防报警盘

就地消防报警盘在汽轮机厂房位于 T/B－411，核辅助厂房里每层有一个，便于现场工作人员检查及减少主控室的报警信息量。

(5) 雨淋喷雾喷淋阀

雨淋喷雾喷淋阀位于 T/B 94.7 m 层 2 号/3 号低压加热器旁边，用于变压器区域的火灾情况。正常运行期间，变压器带有高电压，采用雨淋水喷雾喷淋系统，是为了防止击穿后，导致人员受伤及设备损失的扩大，全厂共有 10 个雨淋水喷雾喷淋阀，每个机组各有 5 个，专门针对 MOT、UST、SST 区域的火灾。该雨淋水喷雾喷淋系统的喷头，立体密布在变压器的上、中、下三个部分，阀门位于厂房内，便于日常巡检维护。喷淋阀下游管线的开式喷头与空气相通，当变压器区域的火灾探头检测到有火灾信号时，通过电磁阀开启，对差压室泄压触发喷淋阀动作。当发生火灾时，若自动喷淋没有动作，现场人员需到就地手动开启应急释放阀触发喷淋阀；若应急释放阀也出现故障，应立即打开备用应急释放阀，此阀门上有铅封，操作前要先拉破铅封。

(6) 湿式喷淋阀、预作用喷淋阀、消火栓

根据防火区域设备的性质，湿式喷淋阀分布于 T/B、S/B、水厂、次氯酸钠发生站、泵房等区域，其下游与喷淋管网末端的闭式喷头之间充满高压消防水，当管网末端闭式喷头由于高温爆开后，开始喷淋灭火。一般用于热交换区域。

预作用喷淋阀，其下游与闭式喷头之间充有仪用压空，当保护区域有火灾信号时，通过电磁阀自动开启给差压室泄压，若电磁阀未能开启，可通过就地控制盘上的紧急释放按钮来触发；或者通过手动开启喷淋阀组上的紧急释放阀来对差压室泄压，消防水则迅速充到喷淋管网内，此时与湿式喷淋阀一样，当管网末端闭式喷头由于高温爆开后，开始喷淋灭火。预作用喷淋阀一般用于电缆通道、开关站。

消火栓遍布所有厂房内，在反应堆厂房内，没有湿式喷淋、雨淋/水喷雾喷淋、预作用喷淋等三种自动喷淋灭火系统，只有消火栓，并结合灭火器对 R/B 内各区域的火灾进行防范。消火栓的分布原则是，在厂区内任何地方发生火灾时，都能保证有两路水源同时到达火灾现场，以提高灭火系统的可靠性。

(7) 备用柴油发电机厂房的泡沫灭火系统

秦山第三核电厂在备用柴油发电机厂房设计了泡沫灭火系统。泡沫灭火系统，对扑灭油类火灾有着消防水系统不可替代的优越性，使用该系统的注意事项：泡沫枪的水压较高，使用时要注意人员安全；泡沫灭火系统在备用柴油机厂房中，是其他消防设施的补充，与火灾探测系统没有联锁关系，不能自动触发，只能手动操作投运。当备用柴油发电机厂房发生油类火灾时，可用泡沫灭火系统灭火。

打开泡沫灭火系统供水阀充水待用；打开泡沫枪隔离总阀；打开泡沫储存箱隔离阀；通过四个泡沫枪手动扑灭相关区域的油类火灾。

（8）烟烙烬系统

秦山第三核电厂的烟烙烬系统主要用于对主控室、主控室设备间、DCC 房间和工作控制区等区域的火灾探测、报警和气体灭火。系统的火灾探测部分由 VESDA 快速烟感探测器、感温探头、气体灭火控制盘 GIFPP、压力开关等构成。报警部分由声光报警、光报警、警铃报警和气体灭火控制盘 GIFPP 峰鸣声报警等组成。每个受保护的房间顶部都有一个到多个喷头，用于喷放气体。喷头上的喷射孔均匀分布，且水平散射，减少喷射产生的力量。烟烙烬气体的主要成分为 N_2 52%、Ar 40%和 CO 28%，气瓶压力一般为 15 MPa。该气体的灭火原理是将被保护区内的氧气浓度降低到能支持燃烧的最低水平以下。正常空气中的含氧量为 21%，当氧气浓度降到 15%以下时，CO_2 浓度为 1%，此时绝大部分燃烧都已不能继续进行。烟烙烬气体喷完后，房间内的氧气浓度降低到 12.5%左右，CO_2 的浓度在 4%左右。一方面 12.5%的氧气浓度不会使人窒息，另一方面，CO_2 浓度的上升可以刺激人做深呼吸且加快呼吸频率，不至因氧气含量降低而窒息。

7.4.4 田湾核电站灭火系统简介

7.4.4.1 概述

田湾核电站灭火系统分为核岛、常规岛（双围墙内）灭火系统和 BOP 灭火系统。核岛、常规岛（双围墙内）灭火系统包括消防供水系统（水池、水泵）、室外消防给水系统、室内消防给水系统、水喷雾灭火系统、气体灭火系统以及手提式灭火器。BOP 灭火系统包括高位水池、生活消防供水系统、室内外消火栓灭火系统、水喷淋灭火系统、气体灭火系统、泡沫灭火系统以及手提式灭火器。选择何种灭火方式是根据防火规范和基于被保护区域的火灾危险性分析确定的。

本节简介核岛与常规岛灭火系统。

7.4.4.2 核岛、常规岛灭火系统

（1）消防供水系统

在核电站双围墙内，每台机组的建筑物和构筑物设置独立的高压消防供水系统。该系统分为 4 个子系统：SGA01 为消防泵站，SGA02 为室外消防给水系统，SGA03 为室内消防给水系统，SGC01 为水喷雾灭火系统。由以下部分组成：

1）两个水池（每个容积 1 800 m^3、互为备用），每个水池贮存 100%消防水量（1 400 m^3）及消防水和生产用水联合泵站（USG）。

2）4 套水泵：

消防主泵 SGA01AP001 和 SGA01AP002（一用一备）：流量 400 m^3/h，扬程 100 m；

水喷雾主泵 SGC01AP001 和 SGC01AP002（一用一备）：流量 400 m^3/h，扬程 100 m；

海水水喷雾泵 SGC02AP001～AP004（一用三备）：流量 300 m^3/h，扬程 80 m；

稳压泵 SGC01AP003 和 SGC01AP004（一用一备）：流量 36 m^3/h，扬程 80 m。

3）SGA02，SGA03 和 SGC01 系统的 3 个环网。

消防泵站 SGA01 提供 SGA02 和 SGA03 系统的消防水。室外消防给水系统

SGA02 保证所有建筑物的室外消防管网供水，室内消防给水系统 SGA03 保证所有建筑物的室内消火栓供水。水喷雾消防系统 SGC01 保证所有建筑物内的电缆间、汽轮机厂房充油设备间、柴油发电机房的燃油、充油设备间和室外变压器的水喷雾消防系统的供水。稳压泵 SGC01AP003 和 SGC01AP004 用于维持 SGA02，SGA03 和 SGC01 系统恒压约 0.8 MPa。

(2) 室外消火栓系统(SGA02)

室外消火栓系统在机组厂房外沿路成环状布置，并用截止阀分成几段，分段的方法使得检修时停运的消火栓不超过 5 个，SGA02 系统由消防主泵(SGA01AP001、SGA01AP002)、阀门、管道和地下式消火栓组成，用于火灾情况下提供厂房的室外消防用水，SGA02 为常高压系统(约 1.0 MPa)，火灾情况下，消防主泵(SGA01AP001、SGA01AP002)在主控制室(MCR)、CBSTPU 控制下投入运行。双围墙内共有室外地下消火栓 25 个。在泵和电动阀门失电时，由消防车从消防水池吸水供室外消防。

(3) 室内消火栓系统(SGA03)

室内消火栓系统布置在机组厂房的走道内和出入口处，厂房内的消火栓数量等于或大于 12 个，管网成环布置，并由两条进水管供水，室内消火栓数量少于 12 个的厂房，管网成枝状布置，由一条进水管供水。SGA03 为常高压系统(0.8 MPa)，由消防主泵(SGA01AP001、SGA01AP002)、室内消火栓、水泵接合器、管道、阀门等组成，用于火灾情况下提供厂房内的消防用水和汽轮机厂房钢屋架的冷却用水。火灾情况下，消防主泵(SGA01AP001、SGA01AP002)在主控制室(MCR)、CBSTPU 控制下投入运行。在泵和电动阀门失电时，SGA03 系统由消防车通过水泵接合器供水。反应堆厂房(UJA)、燃料厂房(UKT)内未设室内消火栓，反应堆安全壳环形空间内安装的室内消火栓是干管式，火灾情况下，由主控制室(MCR)遥控打开位于安全厂房和控制厂房的 SGA10AA101、SGA10AA102 供水。

(4) 水喷雾灭火系统(SGC01)

水喷雾灭火系统用于每个建筑物的电缆间、室外变压器、汽轮机厂房充油设备间和柴油发电机房燃油、充油设备间的自动灭火。SGC01 系统由水喷雾主泵(SGC01AP001、SGC01AP002)、海水水喷雾泵(SGC02AP001—AP004)、喷头、管道、阀门、水泵接合器、过滤器等组成。

SGC 系统在未发生火灾时处于等待状态。SGC 系统在进入被保护房间的管线上的阀门前充满压力水(0.8 MPa)，阀后为干式系统。SGC01AP001、SGC01AP002 泵的吸入口阀门常开，出口阀门常闭。进入被保护房间的消防管道上的阀门关闭。阀门通过 MCR 和 CBSTPU 来控制。

发生火灾时，根据被保护房间或变压器的火灾信号，泵 SGC01AP001 或 SGC01AP002 自动启动，稳压泵 SGC01AP003/004 自动停运。同时，自动打开发出火灾信号房间或变压器的消防水管上的阀门，启动水喷雾灭火系统自动灭火。

当进入发生火灾房间或变压器消防水管内的水压达到或超过 0.4 MPa 时，消防仪控系统开始计时，10 min 后，供水管上的阀门自动关闭，水泵开始工作在循环状态。然后由操作员根据火灾现场的具体情况判断是否需要继续灭火，根据需要，可遥控启动(开启)或停运(关闭)水泵(阀门)。如消防水管内的水压 2 min 内未达到 0.4 MPa，则控制室会收到泵故障信号。

在灭火装置自动启动故障的情况下，操作员可在主控制室（MCR）、备用控制室（SCR）或就地 RCD 启动。在泵和电动阀门失电时，SGC01 环网的水通过消防车直接抽取消防水池 SGC01BB001、SGC01BB002 的水提供。

海水水喷雾泵用于在出现超过运行基准地震（OBE）但小于安全停堆地震（SSE）的情况下，向核岛 SGC 系统提供海水作为消防水。泵位于安全厂房（UKD）+4.40 m，邻近安全厂用水泵房（UQB），从安全厂用水泵房的出水室吸水。

（5）气体灭火系统（SGN）

气体灭火系统（SGN）主要设置在有电气设备和重要计算机的房间，这类房间经常无人在内。在火灾情况下，使用气体灭火剂 FM200（七氟丙烷），通过化学抑制的方法，达到灭火的目的。

气体灭火系统主要由气体消防组件、高压集气管、管线和喷嘴组成。气体消防组件由气瓶和启停装置组成。灭火剂储存时是液态的，氮气是启动气体。气体灭火系统有就地、远程控制其开启的功能，以保证其消防功能的可靠性。

没有火灾时，气体灭火系统处于备用状态。远程和就地启动装置处于锁定状态，防止误动作。

失火时，两个火灾探测器动作，记录火灾发生，同时，仪表和控制发出以下信号：

1）在失火房间发出警告信号“气体灭火，迅速离开”；

2）打开保护区门外的“气体消防-严禁进入”信号灯；

3）关闭该房间的通风系统；

4）在 MCR 和 SCR 上显示火灾信息；

5）在给人员逃离时间（10～30 s）后打开气体消防组件上的电磁阀，进行气体消防。

释放灭火剂由压力传感器记录，此信号用于开启门外的“气体消防-严禁进入”信号灯。

远程启动气体消防是通过安装在门外的 I&C 控制器和 MCR、SCR 操作执行的。

（6）灭火器

在核岛、常规岛（双围墙内）按照《建筑灭火器配置设计规范》（GBJ 140—97）的要求配置了磷酸铵盐干粉灭火器和 CO_2 灭火器。CO_2 灭火器主要配置在仪表设备间，在除仪表设备间之外的房间配置了磷酸铵盐干粉灭火器。

复习思考题

1. 简述感温火灾探测器、感烟火灾探测器、感光火灾探测器的工作原理及适用范围。

2. 简要介绍一个核电厂的火灾自动报警系统。

3. 简要介绍一个核电厂的灭火系统。

附录 A　秦山核电厂消防行动卡(示例)

报警区号： FB—011—021	执行人：值长	卡号：QNPC 01—01	页：1/2
起火部位： 01 厂房 A 主泵间		现场火警盘： FB—011 区域报警器	

重要提示：1. 会合点：02 厂房＋18 m 01 人员应急闸门外 2. 本行动卡只适用于停堆期间主泵发生火灾，若电站功率运行期间主泵发生火灾，需进入应急响应规程 EOP－E－0 停堆、停机，迅速将电站引入安全状态

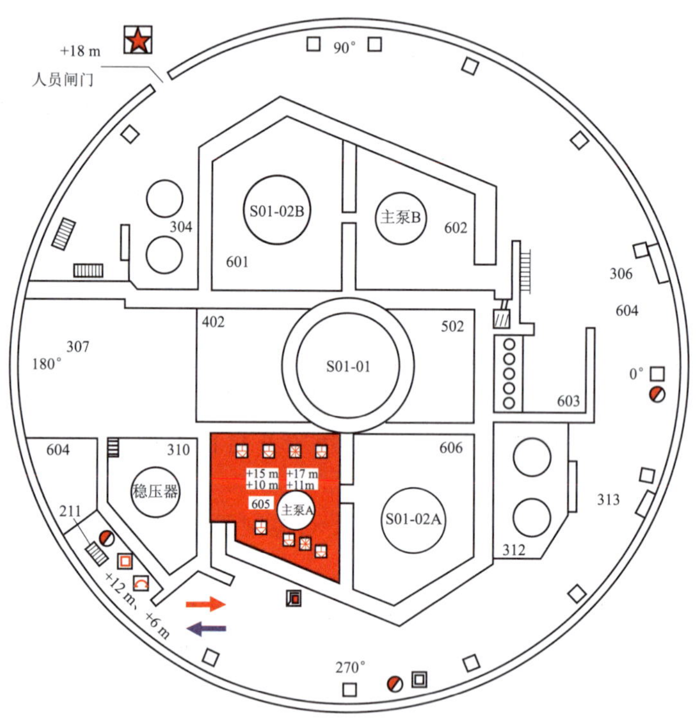

主泵 A　消防设施布置图(＋12 m)

进攻路线：从 02 厂房＋18 m 01 人员应急闸门进入安全壳，通过钢梯到达＋12 m 或＋6 m，进入主泵 A 房间。

撤退路线：与进攻路线相反。

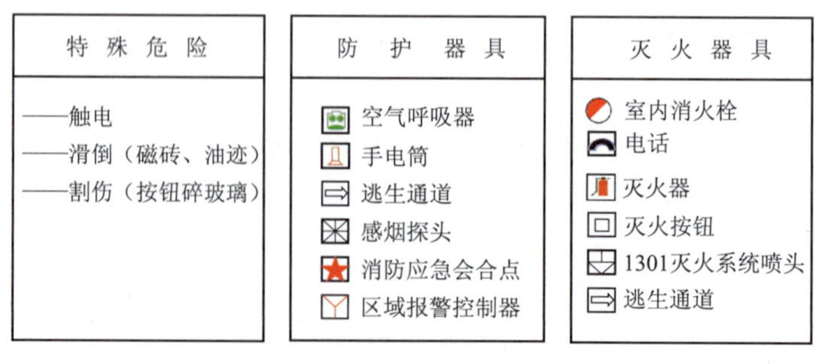

特殊危险	防护器具	灭火器具
——触电 ——滑倒（磁砖、油迹） ——割伤（按钮碎玻璃）	空气呼吸器 手电筒 逃生通道 感烟探头 消防应急会合点 区域报警控制器	室内消火栓 电话 灭火器 灭火按钮 1301灭火系统喷头 逃生通道

消防行动卡	执行人:值长	卡号:QNPC 01—01	页:2/2

检查 →

——已通知电厂消防队（热线/119），医疗中心（热线/33377），并告知会合地点

——已通知1号门管理区、2号门控制区、3号门保护区保安人员放行（热线/33247/33428/33429）

——已通知保卫部值班人员及防火主管人员（BP：235、234）(热线/33483/33338)

评价 →

火灾对人员和机组安全的危害程度

（必要时副值长快速前往现场了解情况，组织指挥现场灭火行动）

通知辐射防护人员（发生在辐射控制区内的火灾，辐射防护人员应准备应急装备及灭火人员的穿戴是否符合辐射控制区要求）（热线/33613/33307）

决定 →

人员撤离/ 系统停运/ 机组状态确定（后撤）

协调 →

灭火干预行动的实施/ 机组运行模式（操作行动）

监督 →

——各项操作行动符合设备/ 系统/ 机组/ 安全要求

——必要的隔离已实施

应急 →

若火灾引起机组安全功能尚失，需请求外部增援或启动应急待命，决定是否启动应急计划

确认 →

如启动应急计划，向全厂下达应急待命指令

编制:赵永定	校对:王晓刚	审核:应黎明 黄思兰	制图:陈华生 马永立	制图:何宏龙 陈远伦	批准:王迎庆

报警区号： FB—011—021	执行人：副值长	卡号：QNPC 01—01	页：1/2
起火部位： 01 厂房 A 主泵间		现场火警盘： FB—011 区域报警器	

重要提示：1. 会合点：02 厂房＋18 m 01 人员应急闸门外

2. 本行动卡只适用于停堆期间主泵发生火灾，若电站功率运行期间主泵发生火灾，需进入应急响应规程 EOP - E - 0 停堆、停机，迅速将电站引入安全状态

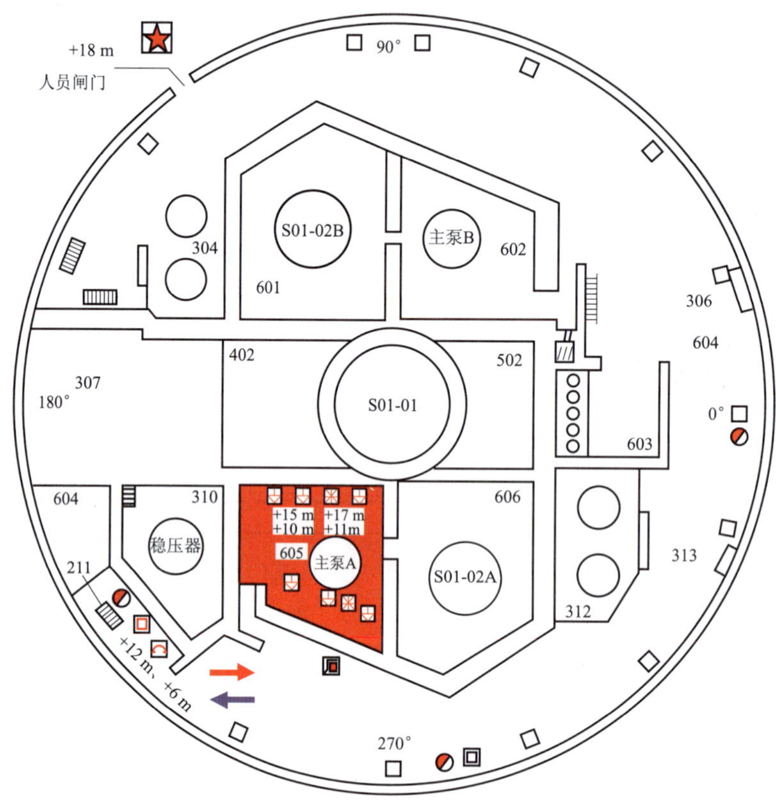

主泵 A 消防设施布置图(＋12 m)

进攻路线：从 02 厂房＋18 m 01 人员应急闸门进入安全壳，通过钢梯到达＋12 m 或＋6 m，进入主泵 A 房间。

撤退路线：与进攻路线相反。

特殊危险	防护器具	灭火器具
——触电 ——滑倒（磁砖、油迹） ——割伤（按钮碎玻璃）	空气呼吸器 手电筒 逃生通道 感烟探头 消防应急会合点 区域报警控制器	室内消火栓 电话 灭火器 灭火按钮 1301灭火系统喷头 逃生通道

消防行动卡	执行人:副值长	卡号:QNPC 01—01	页:2/2

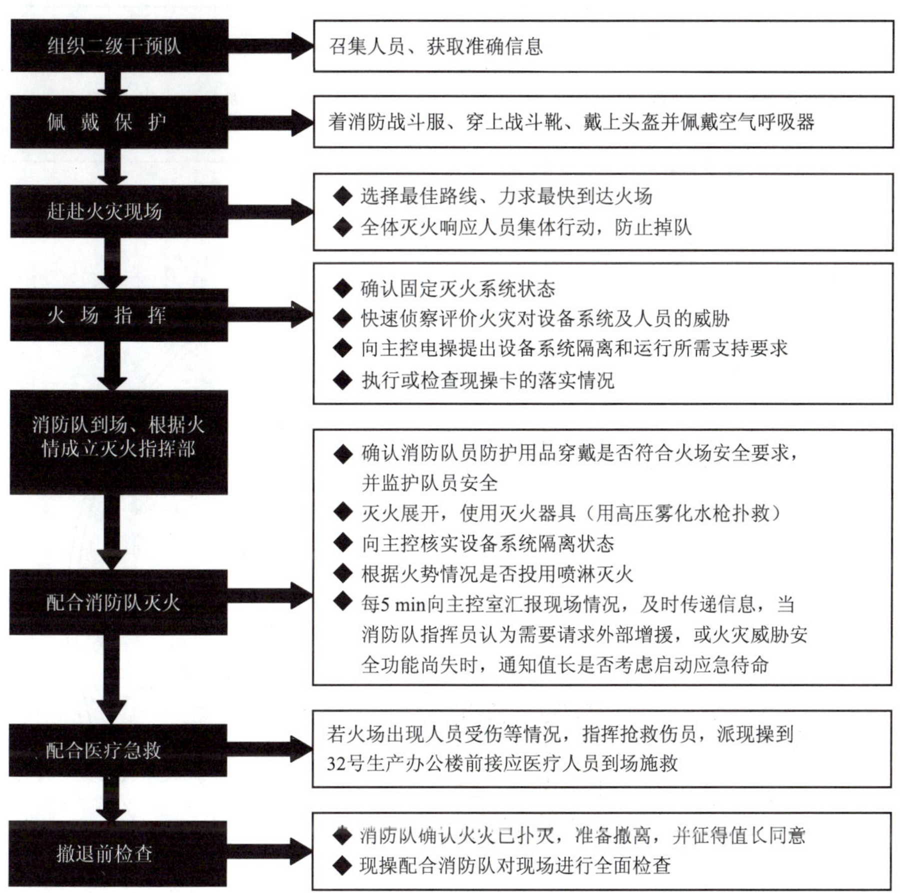

注意事项:
- ◆ 确认固定灭火系统状态,若火灾已无法用灭火器控制,应立即投用自动灭火系统灭火
- ◆ 灭火时配戴好空气呼吸器,以防烟气中毒

编制:赵永定	校对:王晓刚	审核:应黎明 黄思兰	制图:陈华生 马永立	制图:何宏龙 陈远伦	批准:王迎庆

报警区号： FB—011—021	执行人：操纵员	卡号：QNPC 01—01	页：1/2
起火部位： 01 厂房 A 主泵间		现场火警盘： FB—011 区域报警器	

重要提示：1. 会合点：02 厂房+18 m 01 人员应急闸门外

2. 本行动卡只适用于停堆期间主泵发生火灾，若电站功率运行期间主泵发生火灾，需进入应急响应规程 EOP-E-0 停堆、停机，迅速将电站引入安全状态

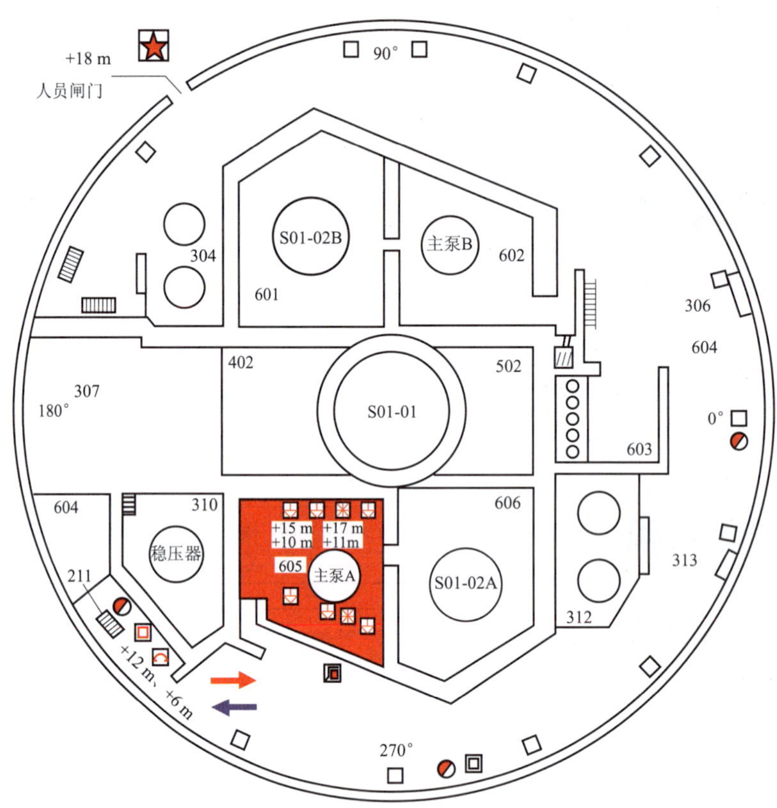

主泵 A 消防设施布置图(+12 m)

进攻路线：从 02 厂房+18 m 01 人员应急闸门进入安全壳，通过钢梯到达+12 m 或+6 m，进入主泵 A 房间。

撤退路线：与进攻路线相反。

特殊危险	防护器具	灭火器具
——触电 ——滑倒（磁砖、油迹） ——割伤（按钮碎玻璃）	空气呼吸器 手电筒 逃生通道 感烟探头 消防应急会合点 区域报警控制器	室内消火栓 电话 灭火器 灭火按钮 1301灭火系统喷头 逃生通道

消防行动卡	执行人:操纵员	卡号:QNPC 01—01	页:2/2

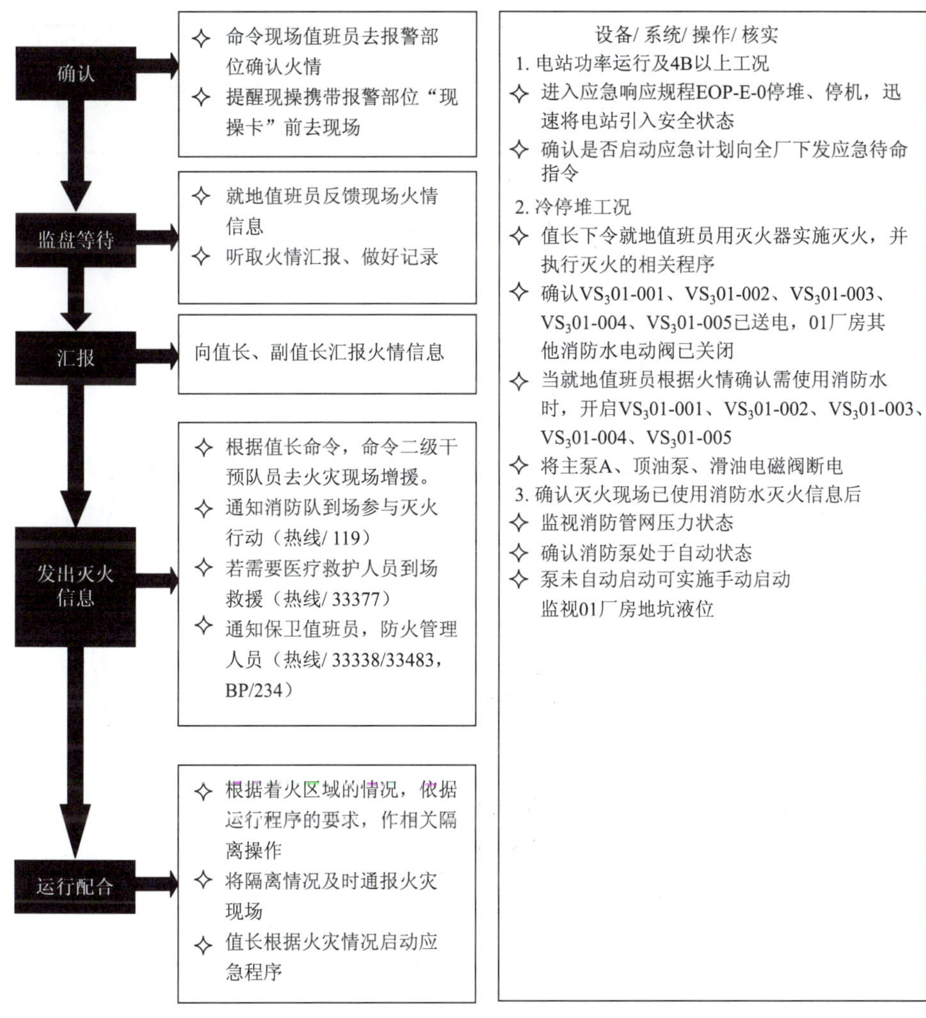

编制:赵永定	校对:王晓刚	审核:应黎明 黄思兰	制图:陈华生 马永立	制图:何宏龙 陈远伦	批准:王迎庆

<table>
<tr><td>报警区号：
FB—011—021</td><td>执行人：现场操作员</td><td>卡号：QNPC 01—01</td><td>页：1/2</td></tr>
<tr><td colspan="2">起火部位：
01 厂房 A 主泵间</td><td colspan="2">现场火警盘：
FB—011 区域报警器</td></tr>
</table>

重要提示：1. 会合点：02 厂房＋18 m 01 人员应急闸门外

2. 本行动卡只适用于停堆期间主泵发生火灾，若电站功率运行期间主泵发生火灾，需进入应急响应规程 EOP－E－0 停堆、停机，迅速将电站引入安全状态

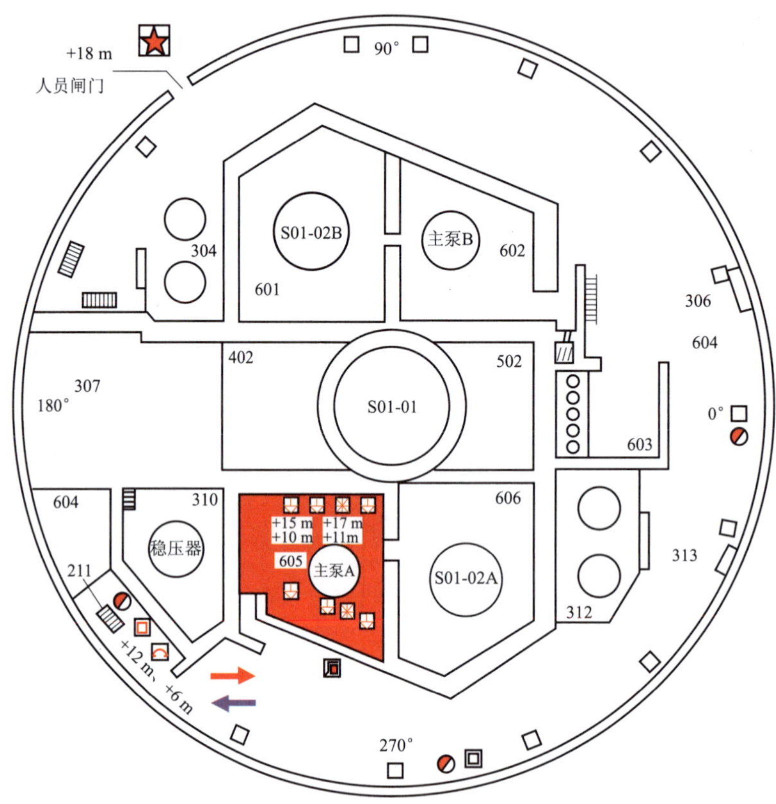

主泵 A 消防设施布置图(＋12 m)

进攻路线：从 02 厂房＋18 m 01 人员应急闸门进入安全壳，通过钢梯到达＋12 m 或＋6 m，进入主泵 A 房间。

撤退路线：与进攻路线相反。

特殊危险	防护器具	灭火器具
——触电 ——滑倒（磁砖、油迹） ——割伤（按钮碎玻璃）	空气呼吸器 手电筒 逃生通道 感烟探头 消防应急会合点 区域报警控制器	室内消火栓 电话 灭火器 灭火按钮 1301灭火系统喷头 逃生通道

消防行动卡	执行人:现场操作员	卡号:QNPC 01—01	页:2/2

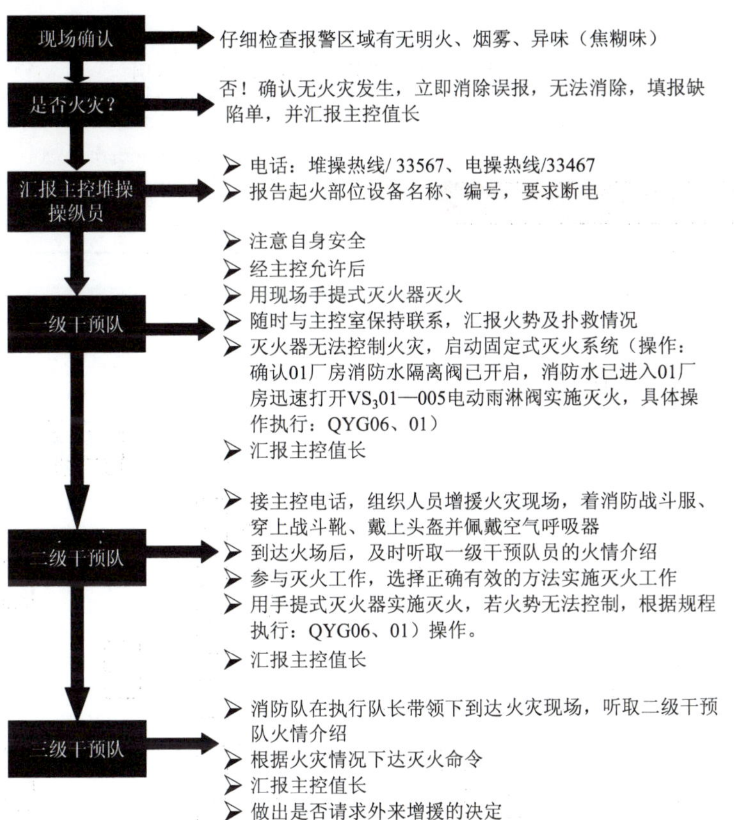

编制:赵永定	校对:王晓刚	审核:应黎明 黄思兰	制图:陈华生 马永立	制图:何宏龙 陈远伦	批准:王迎庆

附录 B　秦山第二核电厂消防行动卡(示例)

表 B-1　辅助变压器消防行动卡(值长用)示例

报警区号：9LGR106(206)AA	执行人员：值长	卡号：NPQJVLC FF－9LGR－001/002TA	页：SS－1/2
起火部位：TD、JX（辅变）		现场火警盘：0JDT001AR	

重要提示：会合点　5　（TD/JX 外通道）

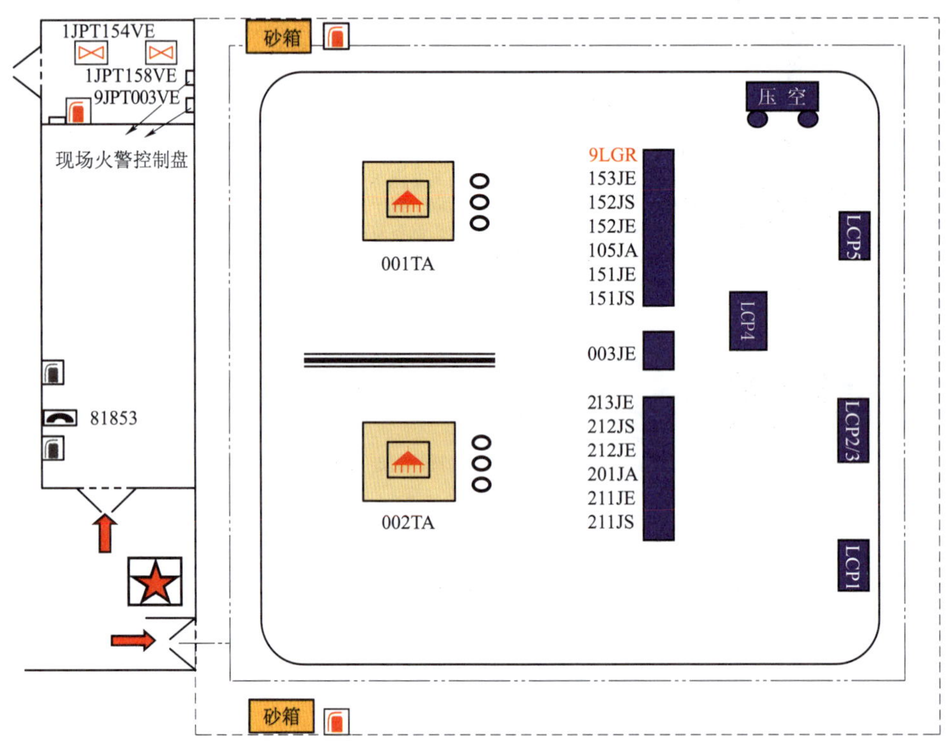

特殊危险	消防专用电话	灭火器具
—触电（6.0 kV发电机） —滑倒（地面油迹） —割伤（碎玻璃）	秦山核电基地消防队：119 主控室火警电话：81119 EG保安值班室：84437/84438 EG应急值班室：81825 隔离办：81352/81353 主控室：81705、81001、81011 主控室：86403206	对讲机 消防栓 现场灭火器 呼吸保护器 个人防护服 消防专用工具 固定式消防系统

续表

消防行动卡	执行人员:值长	卡号:NPQJVLC FF-9LGR-001/002TA	页:SS-2/2

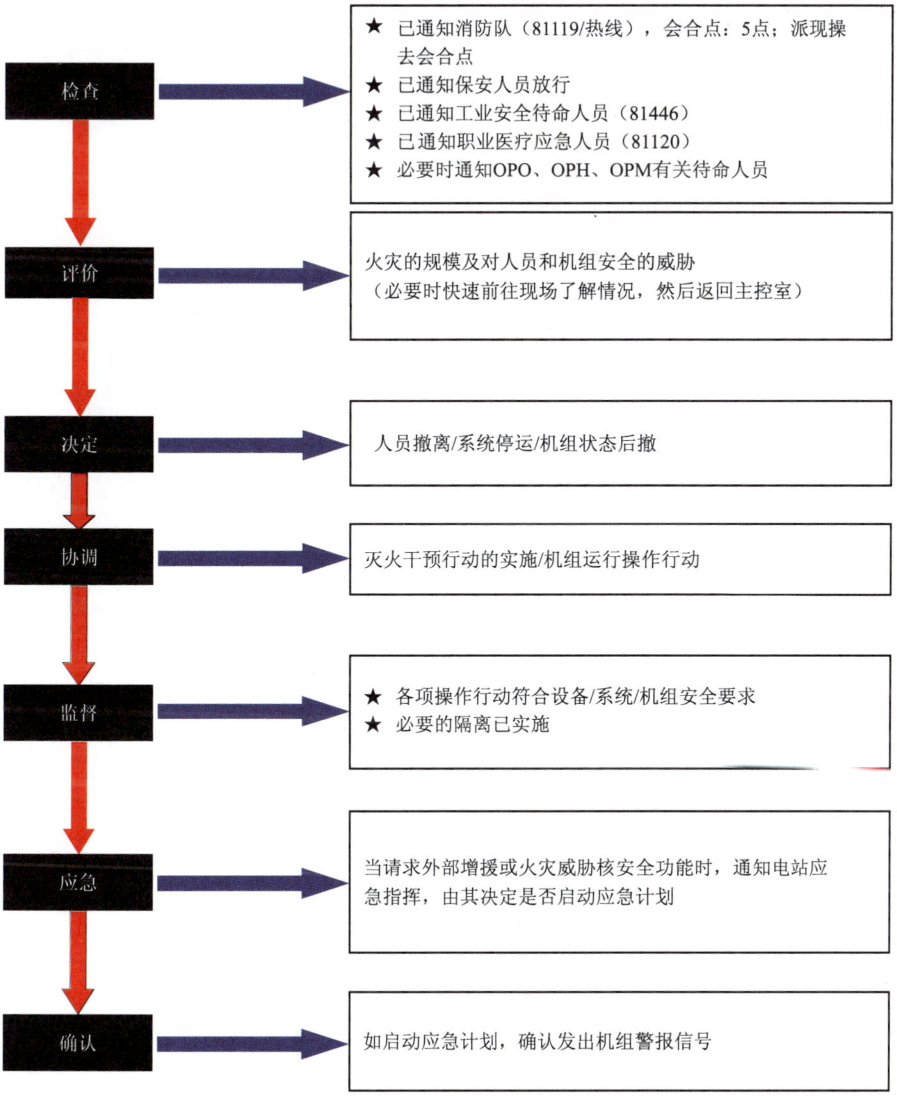

检查

★ 已通知消防队（81119/热线），会合点：5点；派现操去会合点
★ 已通知保安人员放行
★ 已通知工业安全待命人员（81446）
★ 已通知职业医疗应急人员（81120）
★ 必要时通知OPO、OPH、OPM有关待命人员

评价

火灾的规模及对人员和机组安全的威胁
（必要时快速前往现场了解情况，然后返回主控室）

决定

人员撤离/系统停运/机组状态后撤

协调

灭火干预行动的实施/机组运行操作行动

监督

★ 各项操作行动符合设备/系统/机组安全要求
★ 必要的隔离已实施

应急

当请求外部增援或火灾威胁核安全功能时，通知电站应急指挥，由其决定是否启动应急计划

确认

如启动应急计划，确认发出机组警报信号

表 B-2　辅助变压器消防行动卡(副值长用)示例

<table>
<tr><td>报警区号：
9LGR106(206)AA</td><td>执行人员：副值长</td><td>卡号：NPQJVLC
FF－9LGR－001/002TA</td><td>页：DSS－1/2</td></tr>
<tr><td colspan="2">起火部位：TD、JX（辅变）</td><td colspan="2">现场火警盘：0JDT001AR</td></tr>
</table>

重要提示：会合点　5　（TD/JX 外通道）

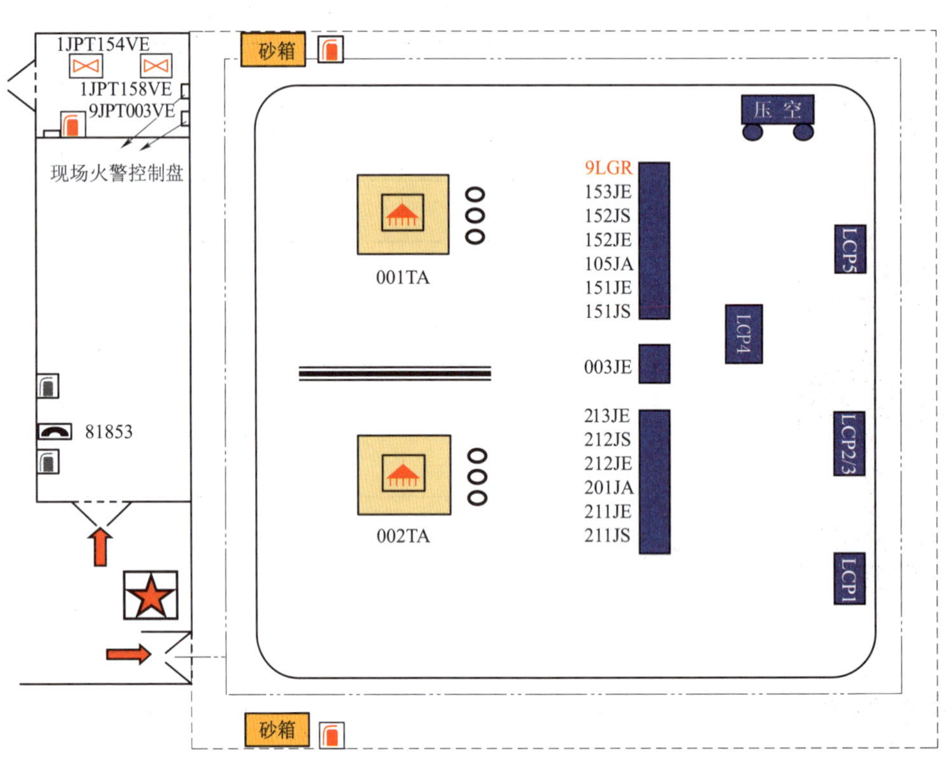

特　殊　危　险	消　防　专　用　电　话	灭　火　器　具
—触电（6.0 kV变压器） —滑倒（地面油迹） —割伤（碎玻璃）	秦山核电基地消防队：119 主控室火警电话：81119 EG保安值班室：84437/84438 EG应急值班室：81825 隔离办：81352/81353 主控室：81705、81001、81011 主控室：86403206	对讲机 消防栓 现场灭火器 呼吸保护器 个人防护服 消防专用工具 固定式消防系统

续表

消防行动卡	执行人员:副值长	卡号:NPQJVLC FF - 9LGR - 001/002TA	页:DSS - 2/2

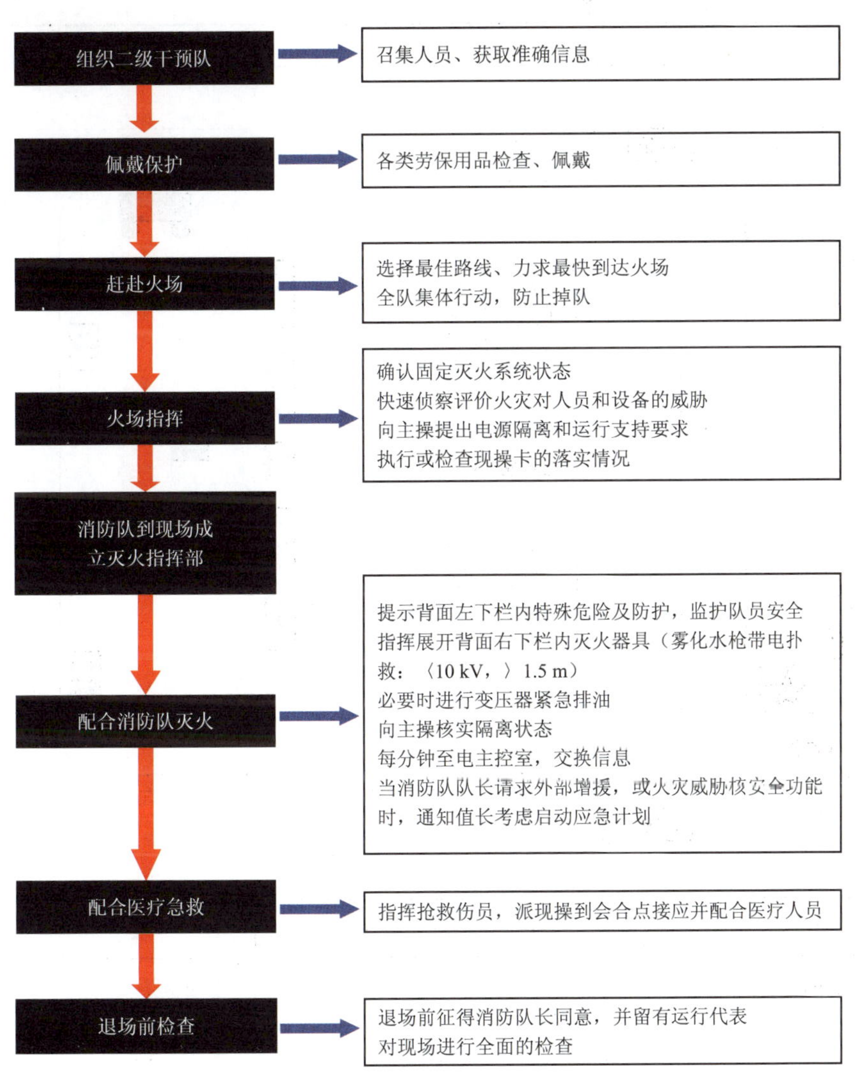

表 B-3 辅助变压器消防行动卡(操纵员用)示例

<table>
<tr><td>报警区号：
9LGR106(206)AA</td><td>执行人员：操纵员</td><td>卡号：NPQJVLC
FF－9LGR－001/002TA</td><td>页：OP－1/4</td></tr>
<tr><td colspan="2">起火部位：TD、JX（辅变区域）</td><td colspan="2">现场火警盘：0JDT001AR</td></tr>
</table>

重要提示：会合点 5 （TD/JX 外通道）

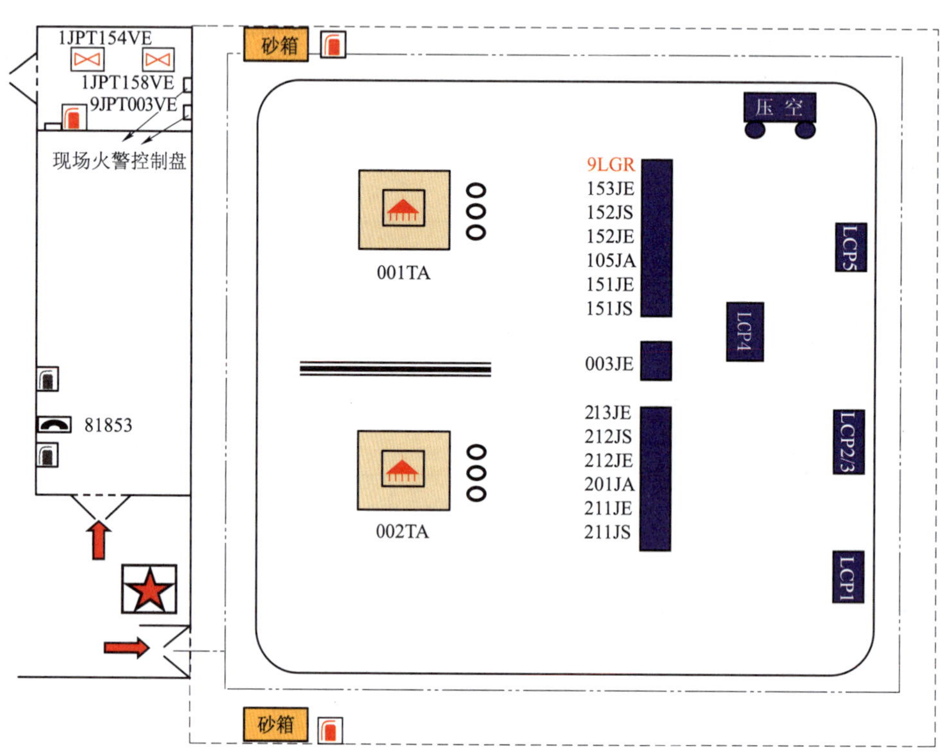

特殊危险
—触电（220/6.0 kV变压器） —爆炸（变压器）

消防专用电话
秦山核电基地消防队：119 主控室火警电话：81119 EG保安值班室：84437/84438 EG应急值班室：81825 隔离办：81352/81353 主控室：81705、81001、81011 主控室：86403206

灭火器具
对讲机 消防栓 现场灭火器 呼吸保护器 个人防护服 消防专用工具 固定式消防系统

续表

消防行动卡	执行人员:操纵员	卡号:NPQJVLC FF-9LGR-001/002TA	页:OP-2/4

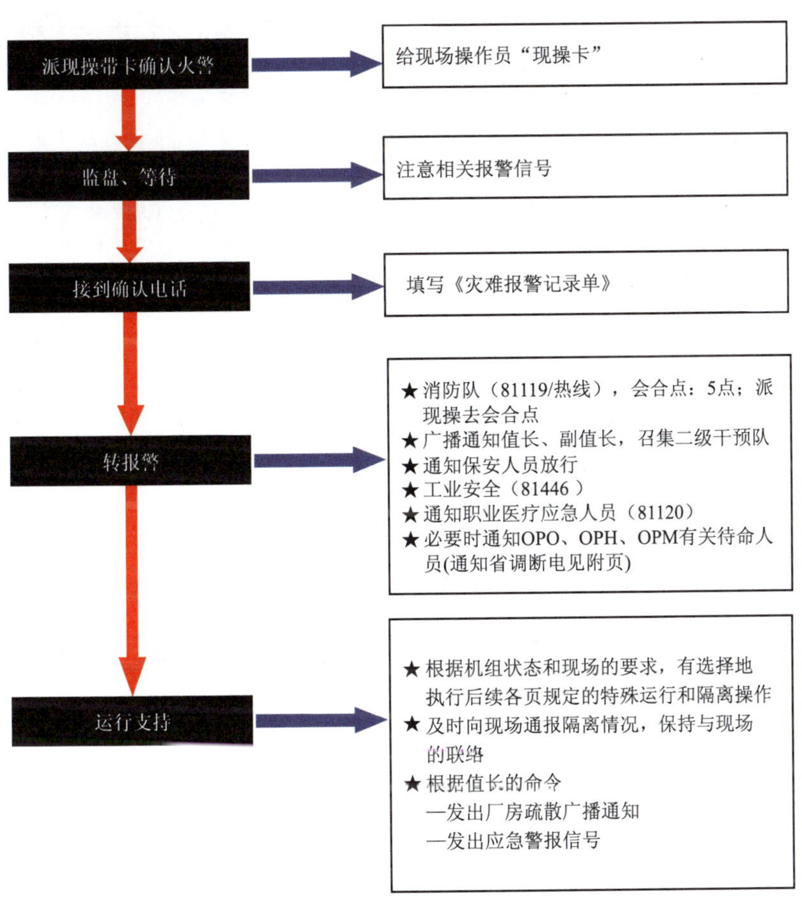

续表

消防行动卡	执行人员：操纵员	实施人：	卡号：NPQJVLC FF－9LGR－001/002TA	页：OP－3/4

火情→操作/核对		标识	位置	备注
1. 若001TA变压器起火，切断该变压器电源				
1.1　确认断开1号辅变高低压侧开关	[]	9LGR005JA	MCR	以下操作参见程序S9LGR001
	[]	9LGR103JA	JX	
2. 若002TA变压器起火，切断该变压器电源	[]	9LGR001JA	CCR	
	[]	9LGR201ID	CCR	
2.1　断开2号辅变高压侧开关	[]	9LGR001JA	CCR	临时状态： 1号辅变处于冷备用 2号辅变运行，低压侧的母联开关9LGR206JA合上
2.2　检查2号辅变低压侧电压为零				
2.3　若不能切开2号辅变高压侧开关，则立即广播通知，并向省调汇报，要求杨立2403线停电				
3. 检查现场操作员已手动启动水喷雾系统				
开启	[]	1JPT154VE	辅变消防间	对应于1号辅变
或				
开启	[]	1JPT158VE	辅变消防间	对应于2号辅变
4. 关注下游负荷电源的切换				

续表

消防行动卡	执行人员： 主操→隔离副值长	实施人：	卡号：NPQJBLV FF-9LGR-001/002TA	页：OP-4/4
隔离操作单 现场火警控制盘	注意：※主操应标明需执行的部分(√) ※隔离副值长应尽快回报执行结果			

火情→操作/核对	主操标明	标识	位置	执行	备注
1. 若001TA变压器着火，将001TA由冷备用转检修					
1.1　具体操作参见运行程序S9LGR001第四章	[]			[]	
2. 若002TA变压器着火，将002TA由运行转检修					
2.1　具体操作参见运行程序S9LGR001第四章	[]			[]	

表 B-4　辅助变压器消防行动卡(现场操作员用)示例

报警区号：9LGR106(206)AA	执行人员：现操	卡号：NPQJVLC FF－9LGR－001/002TA	页：FP－1/2
起火部位：TD、JX（辅变）		现场火警盘：0JDT001AR	

重要提示：会合点　5　（TD/JX 外通道）

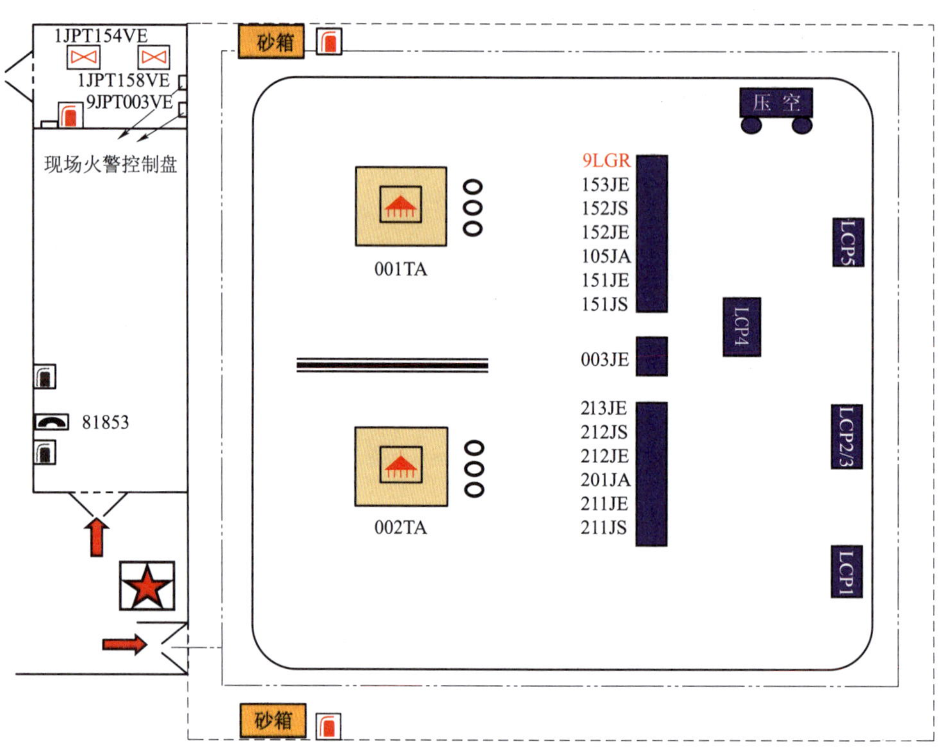

特　殊　危　险
—触电（220/6.0 kV变压器）
—爆炸（变压器）
—滑倒（地面油迹）
—割伤（碎玻璃）

消　防　专　用　电　话
秦山核电基地消防队：119
主控室火警电话：81119
EG保安值班室：84437/84438
EG应急值班室：81825
隔离办：81352/81353
主控室：81705、81001、81011
主控室：86403206

灭　火　器　具
对讲机
消防栓
现场灭火器
呼吸保护器
个人防护服
消防专用工具
固定式消防系统

续表

消防行动卡	执行人员:现操	卡号:NPQJVLC FF－9LGR－001/002TA	页:FP－2/2

现场确认	★仔细检查报警区域有无火、烟、异味
是否火灾?	否！检查消除报警原因，回报主操
回报主操	★ 电话（81705） ★ 报告起火设备代码，若变压器起火要求断电后启动相应固定灭火系统
一级干预	★ 注意自身安全 ★ 若变压器起火，确认主控已启动固定灭火系统；否则手动启动 位置：消防阀站　操作：1号辅变→手动开启 位置：消防阀站　操作：2号辅变→手动开启 ★ 若断路器，隔离刀闸端子箱等设备起火，使用就近灭火器扑救灭火 ★ 若JX厂房电气柜起火，使用辅变消防间的灭火器灭火
接应二级干预队	★ 不要远离火场，时刻注意来人 ★ 简要报告已完成的行动及下面可选择的行动，请求命令
执行队长命令	★ 就地电源断电 ★ 保持与主控室的联络，核实隔离状态 ★ 接应，配合医疗人员

附录 C　秦山第三核电厂消防行动卡(示例)

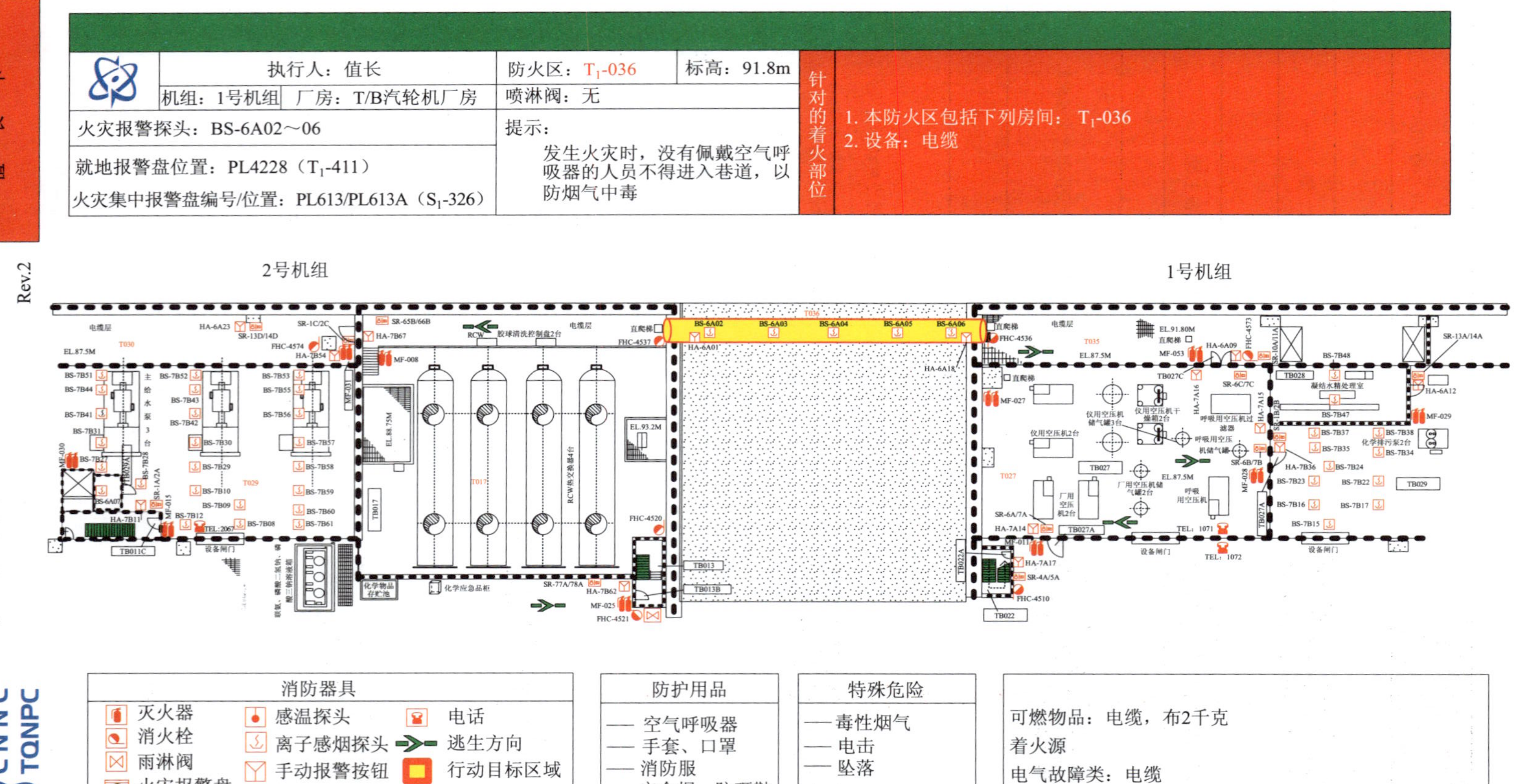

图 C-1a　T_1－036 消防行动卡值长卡

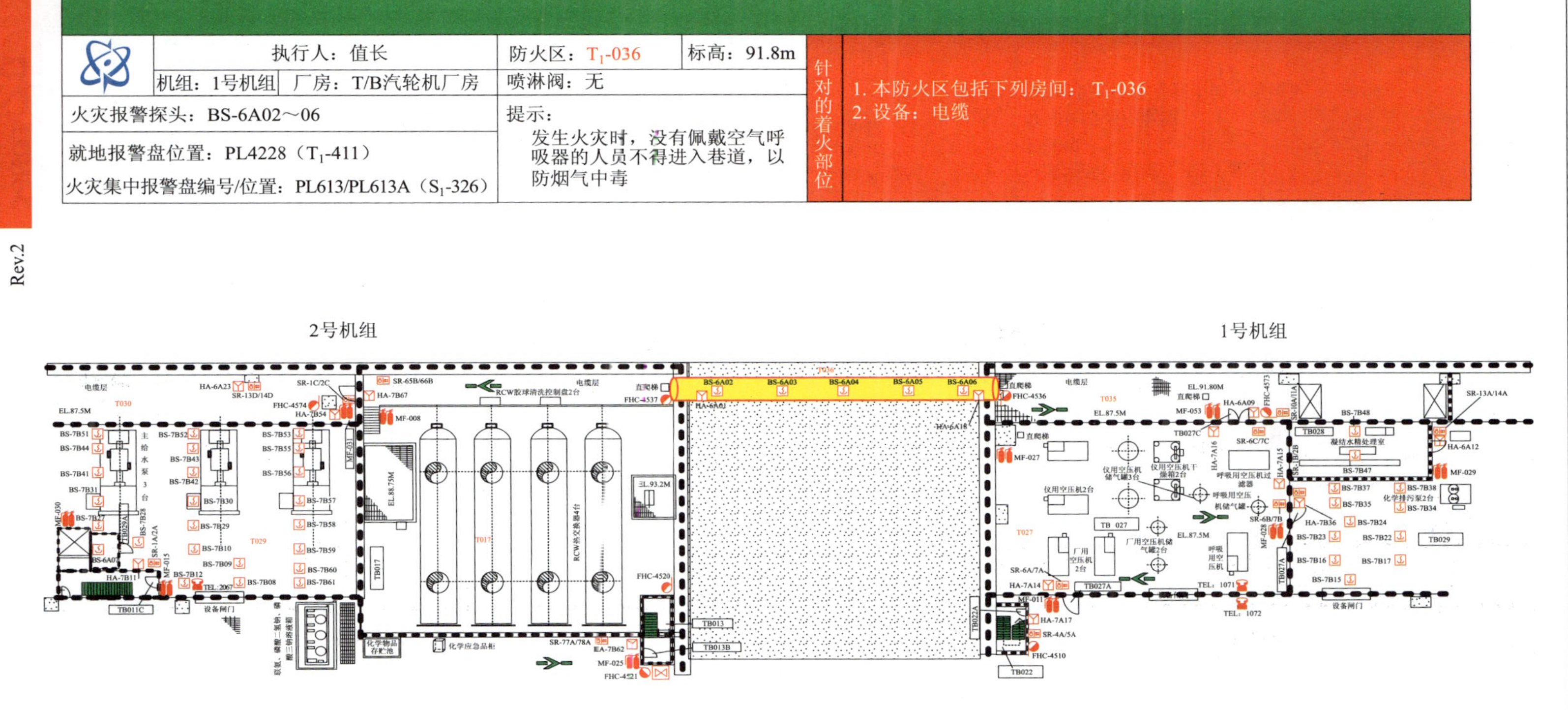

消防器具		
灭火器	感温探头	电话
消火栓	离子感烟探头	逃生方向
雨淋阀	手动报警按钮	行动目标区域
火灾报警盘	呼吸器	
声光报警器		

防护用品
—— 空气呼吸器
—— 手套、口罩
—— 消防服
—— 安全帽、防砸鞋
—— 手电筒或应急灯

特殊危险
—— 毒性烟气
—— 电击
—— 坠落

可燃物品：电缆，布2千克
着火源
电气故障类：电缆
修理/维护/操作过程中的人为错误

CNNC TQNPC

图 C-1b T_1－036 消防行动卡值长卡

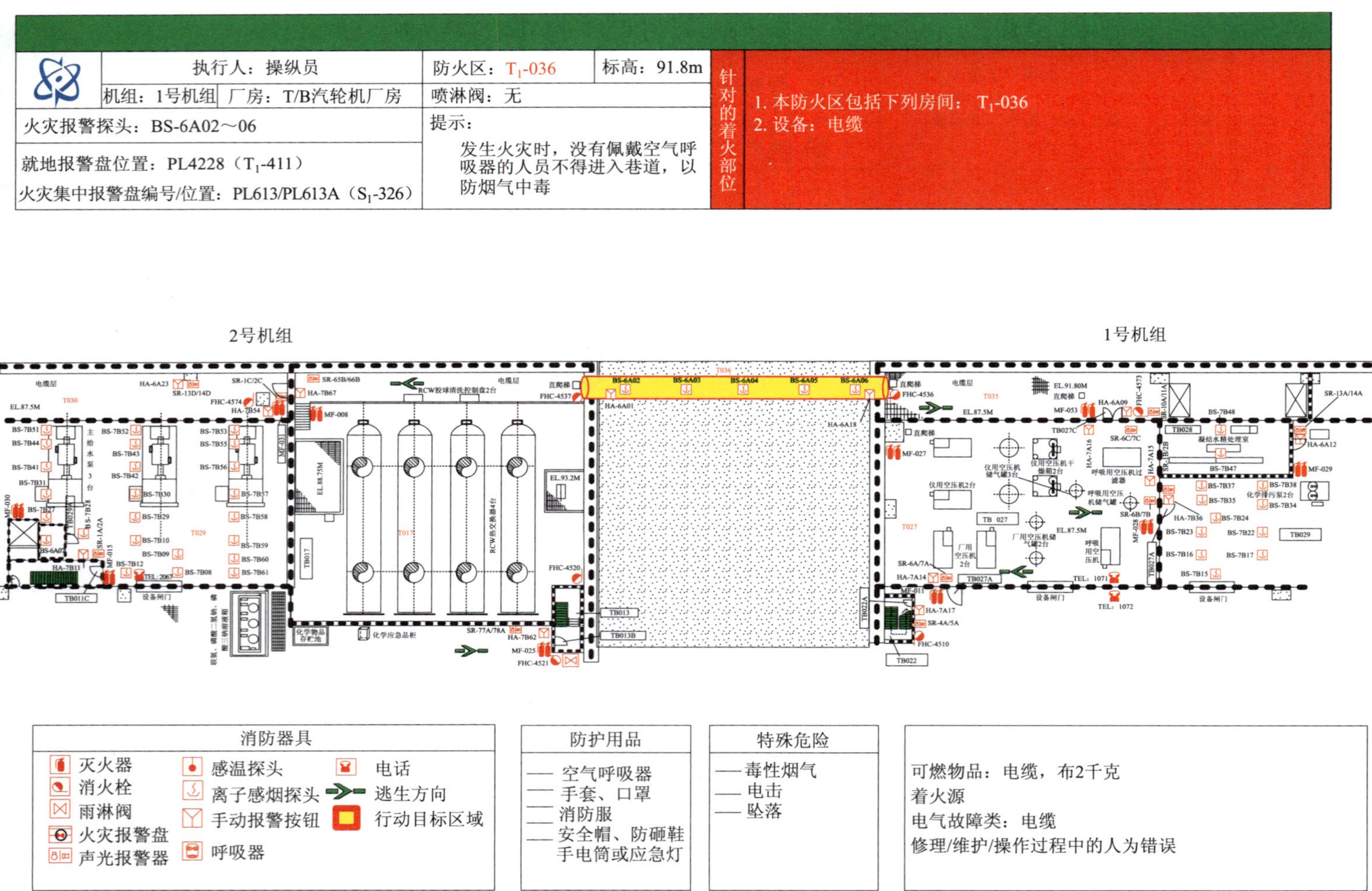

图 C-2a　T_1－036 消防行动卡操纵员卡

消防行动卡	执行人：操纵员	厂房：汽轮机厂房	防火区：T_1-036	名称：1号2号机组间巷道

执行序号	操作内容	备注
	N/A	

执行序号	操作内容	备注

执行序号	操作内容	备注

操纵员卡

9801-90620-SF-TB30 Rev.2

T_1-036消防行动卡

CNNC TQNPC

图 C-2b T_1-036 消防行动卡操纵员卡

执行人：副操		防火区：T_1-036	标高：91.8m	针对的着火部位	1. 本防火区包括下列房间：T_1-036 2. 设备：电缆
机组：1号机组	厂房：T/B汽轮机厂房	喷淋阀：无			
火灾报警探头：BS-6A02～06		提示： 发生火灾时，没有佩戴空气呼吸器的人员不得进入巷道，以防烟气中毒			
就地报警盘位置：PL4228（T_1-411） 火灾集中报警盘编号/位置：PL613/PL613A（S_1-326）					

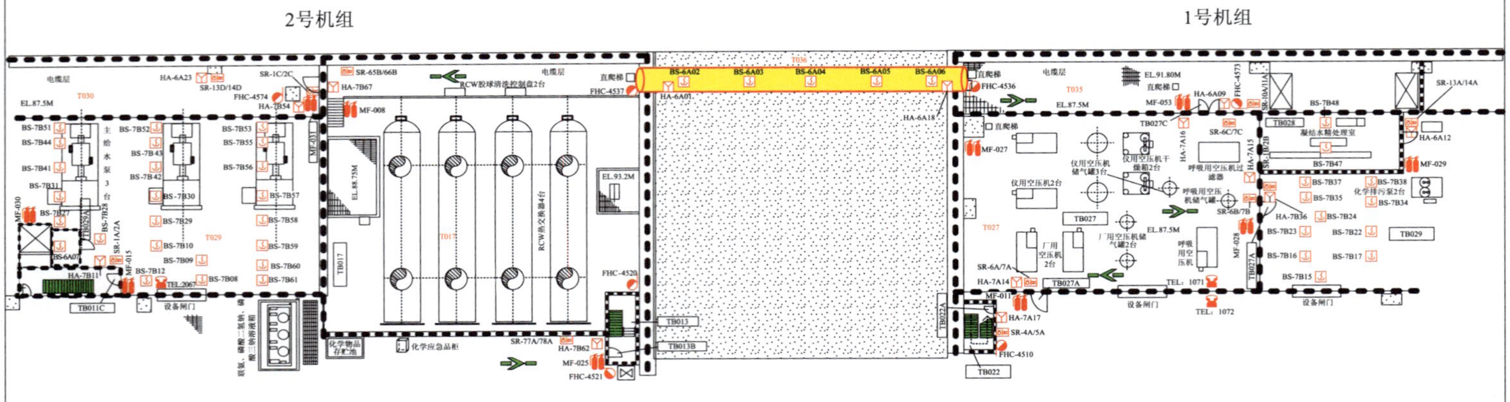

2号机组

1号机组

消防器具		
灭火器	感温探头	电话
消火栓	离子感烟探头	逃生方向
雨淋阀	手动报警按钮	行动目标区域
火灾报警盘	呼吸器	
声光报警器		

防护用品
—— 空气呼吸器
—— 手套、口罩
—— 消防服
—— 安全帽、防砸鞋
—— 手电筒或应急灯

特殊危险
—— 毒性烟气
—— 电击
—— 坠落

可燃物品：电缆，布2千克
着火源
电气故障类：电缆
修理/维护/操作过程中的人为错误

图 C-3a T_1－036 消防行动卡副操卡

副 操 卡

9801-90620-SF-TB30 Rev.2

T_1-036消防行动卡

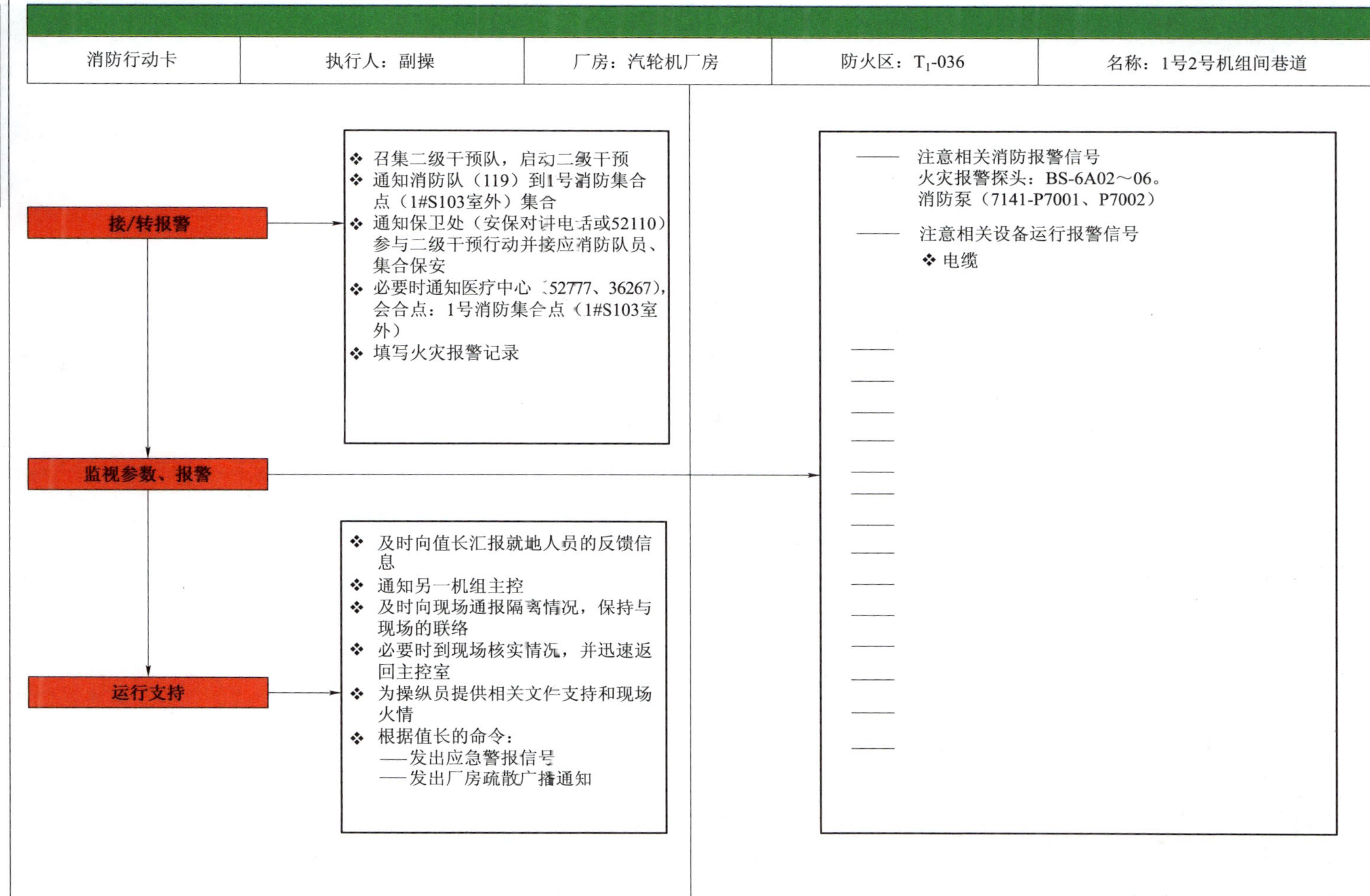

图C-35 T_1－036消防行动卡副操卡

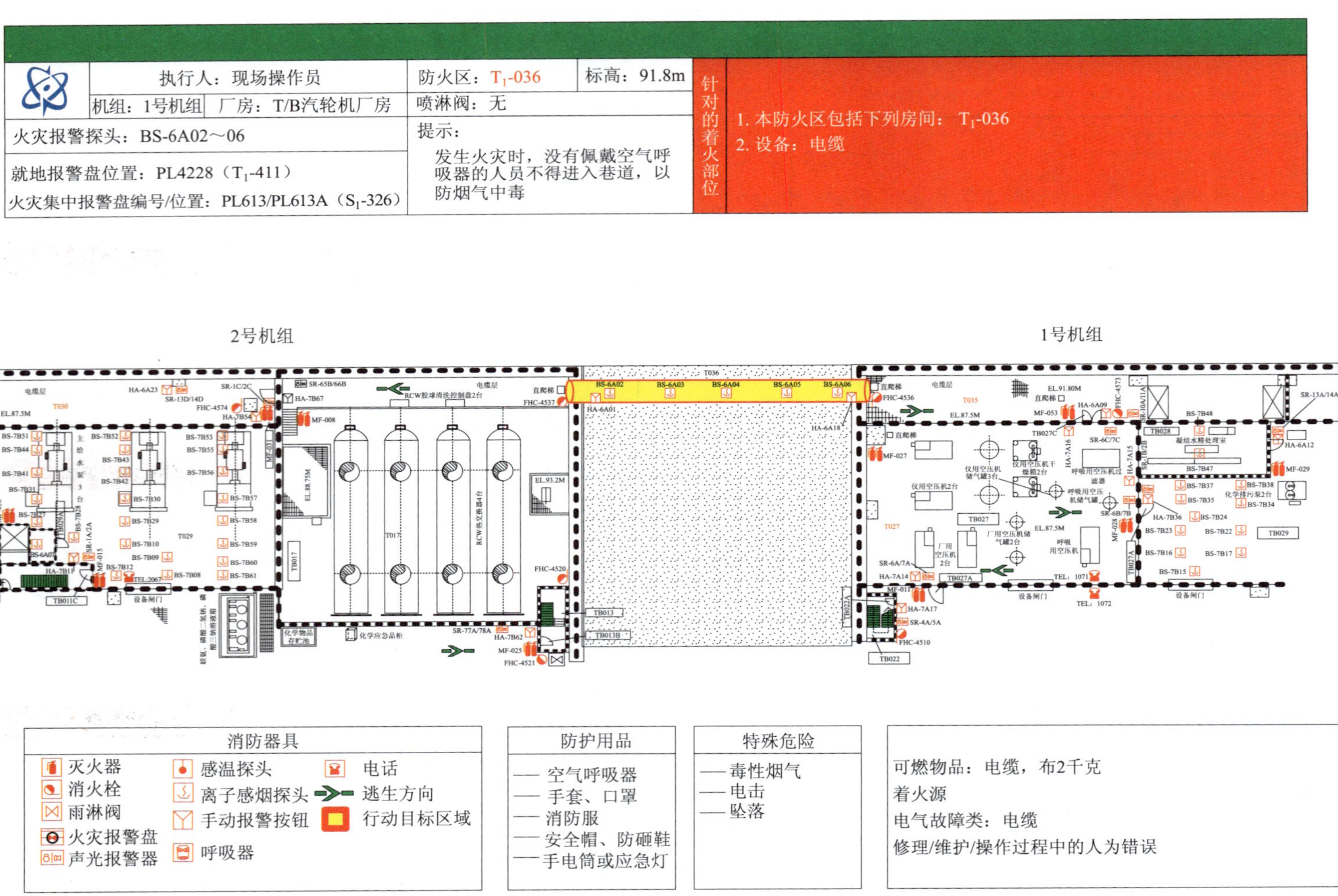

图 C-4a T_1－036 消防行动卡现场卡

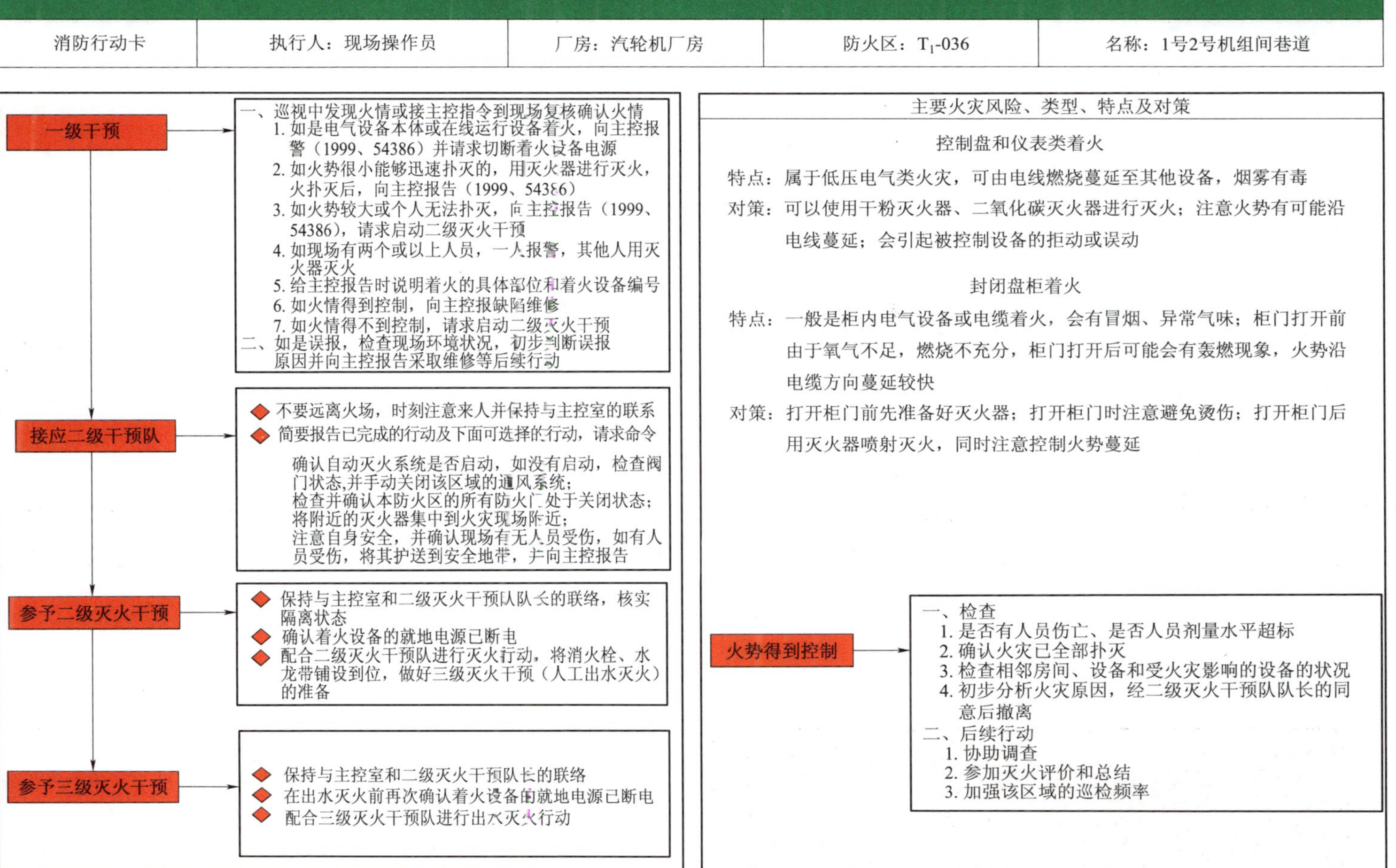

图 C-4b　T_1－036 消防行动卡现场卡

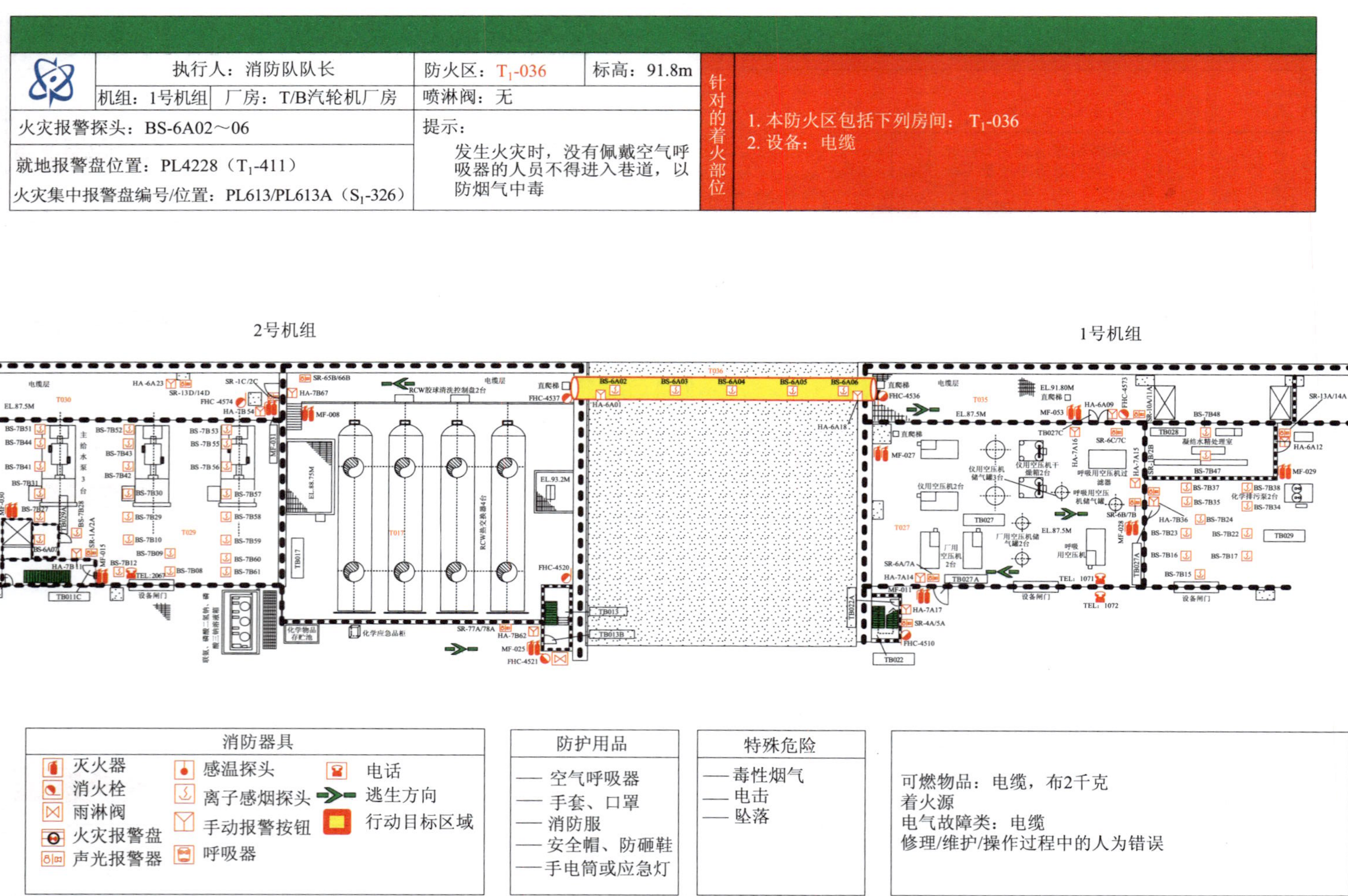

图 C-5a T1－036 消防行动卡消防队卡

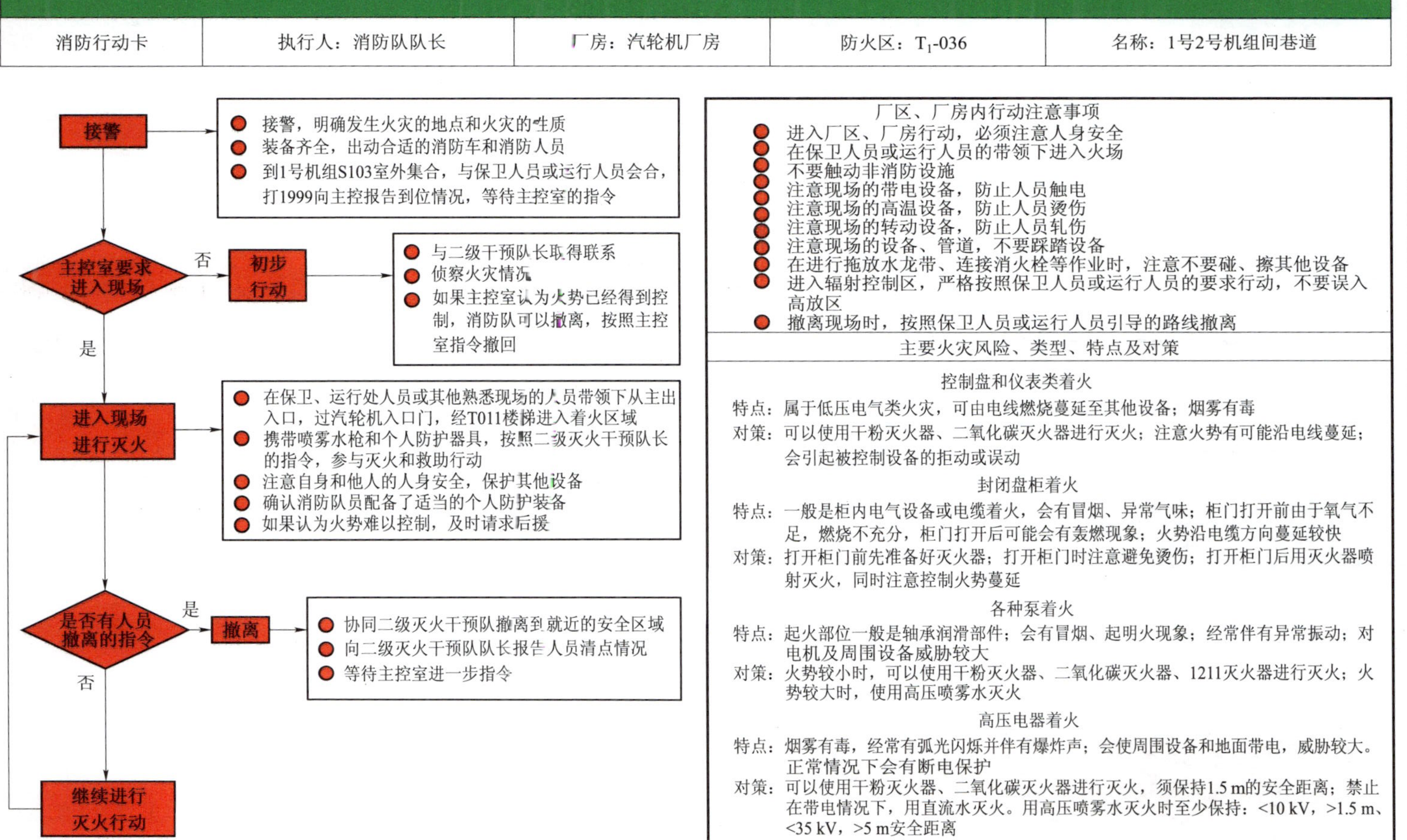

图 C-5b T_1－036 消防行动卡消防队卡

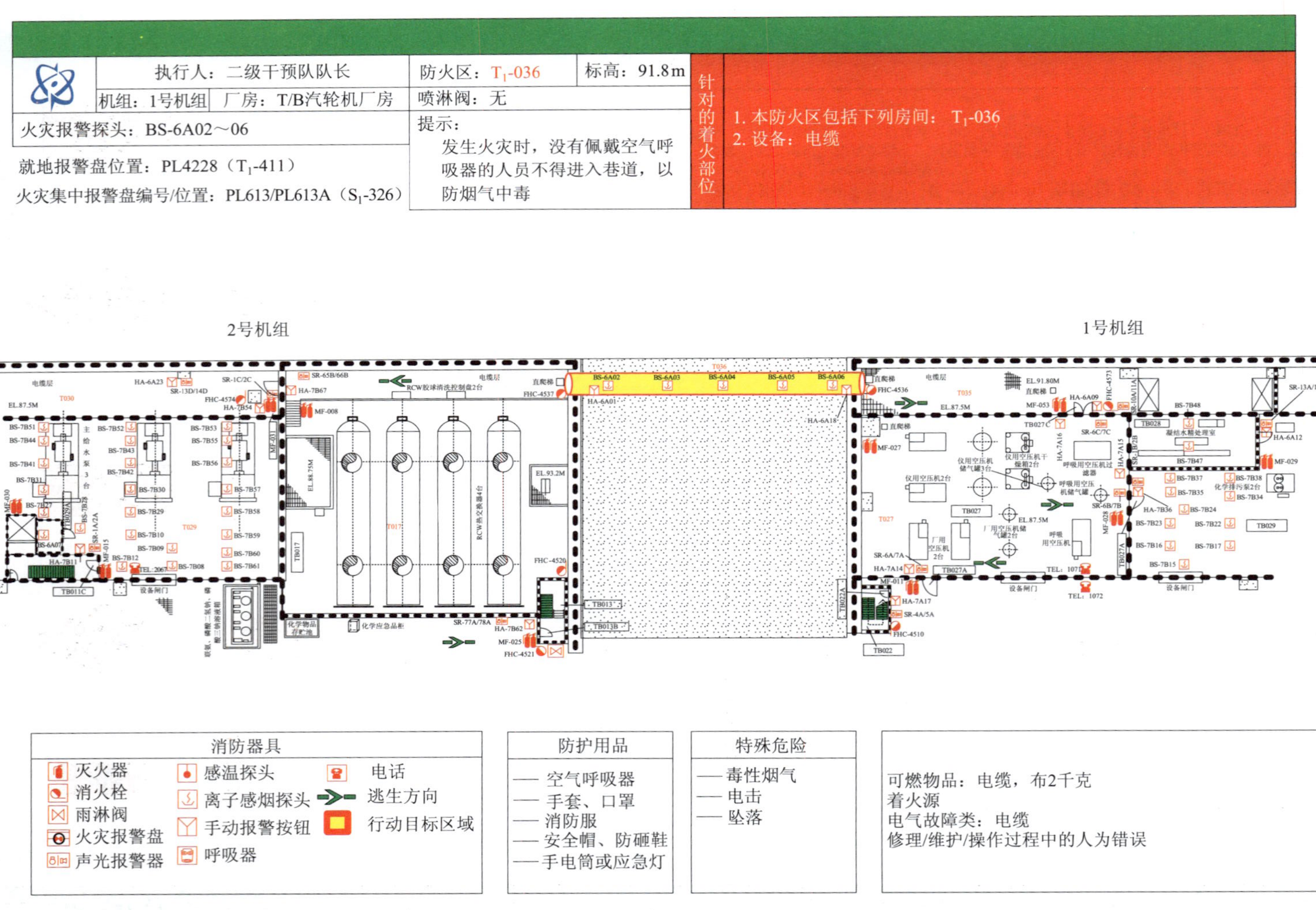

图C-6a T1－036消防行动卡小分队卡

小分队卡

9801-90620-SF-TB30

Rev.2

T_1-036消防行动卡

CNNC TONPC

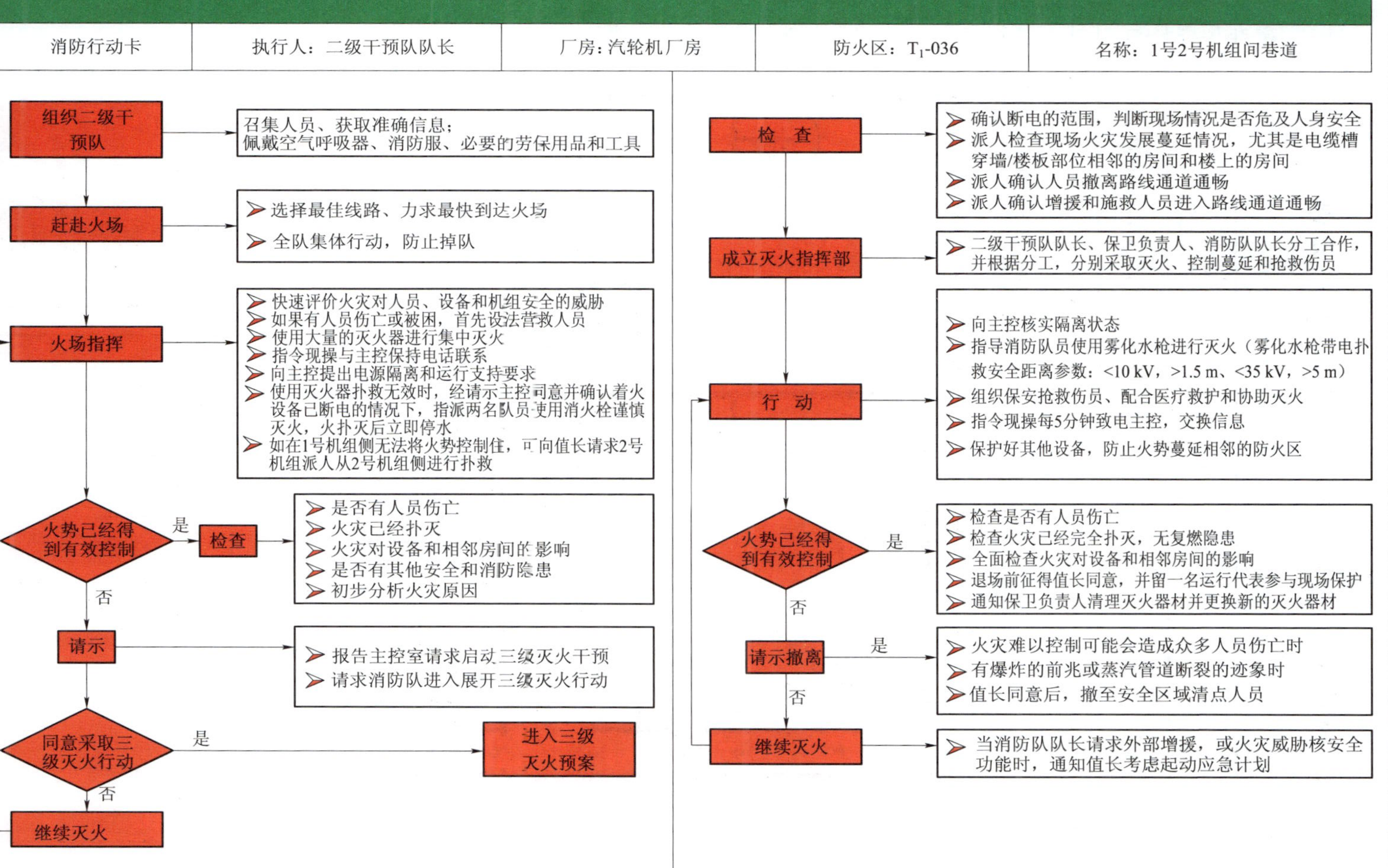

图 C-6b T_1－036 消防行动卡小分队卡

附录 D 田湾核电厂消防行动卡(示例)

<table>
<tr><td>报警号:
11UCB04111</td><td>执行人:机组值长</td><td>指南编号:
TNPS FF－11UCB04111</td><td>页:1/2</td></tr>
<tr><td colspan="2">起火部位:
11UCB 厂房+4.4 m 111 室 正常运行电缆间</td><td colspan="2">FP RCD 编号:1CYE15GH202(11UCB04 110)</td></tr>
</table>

重要提示:
1. 消防会合点:2 号(11UKC 西侧室外),火灾可能导致主冷却泵 1JEB10AP001、1JEB40AP001 不可用

特殊危险	防护器具	图例
— 有毒烟气 — 电击	空气呼吸器 手电	电话 FP RCD 室内消火栓 干粉灭火器 感温火灾探测器 感烟火灾探测器 手动报警按钮 手报按钮(正压送风) 水喷雾系统末端阀组 水喷雾灭火系统 进攻/逃生通道

消防行动指南	执行人:机组值长	指南编号:FF-11UCB04111	页:2/2

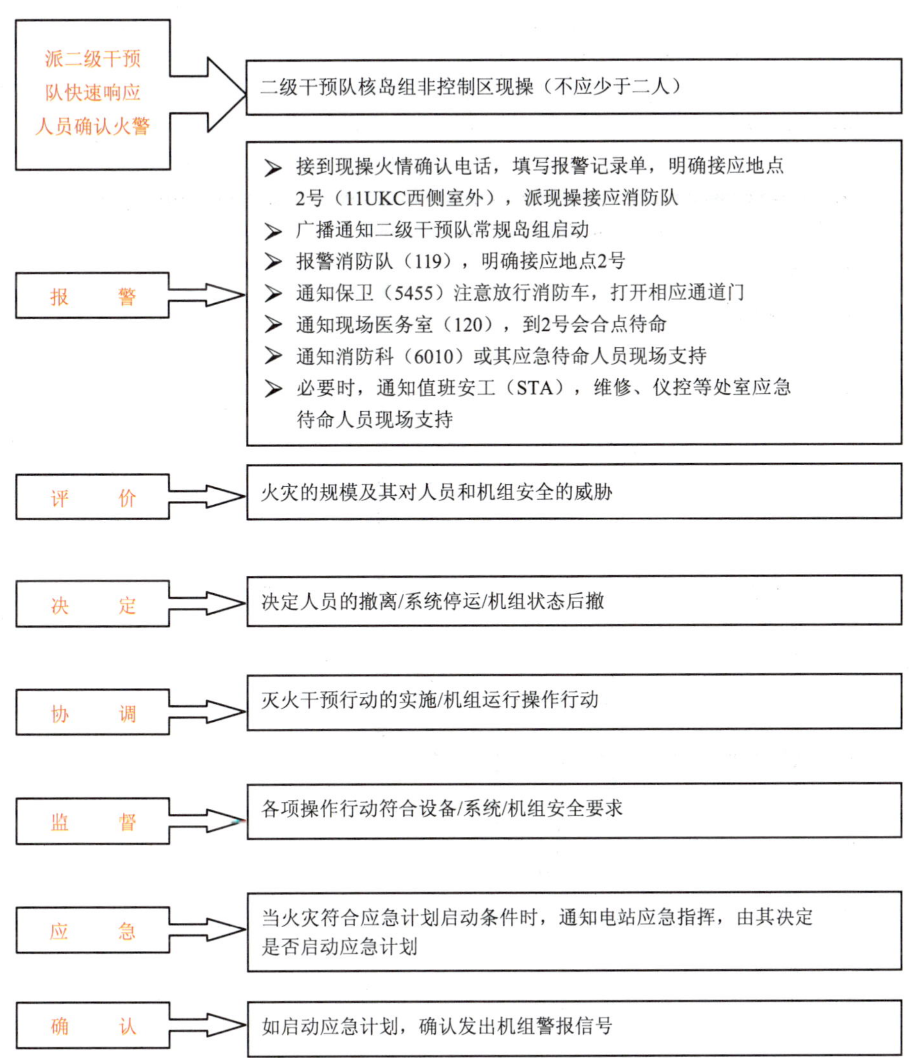

报警号： 11UCB04111	执行人：二级干预队长	指南编号： TNPS FF－11UKA04111	页：1/2
起火部位： 11UCB 厂房＋4.4 m　111 室　正常运行电缆间		FP RCD 编号：1CYE15GH202(11UCB04 110)	

重要提示：

1. 消防会合点：2 号(11UKC 西侧室外)，火灾可能导致主冷却泵 1JEB10AP001、1JEB40AP001 不可用

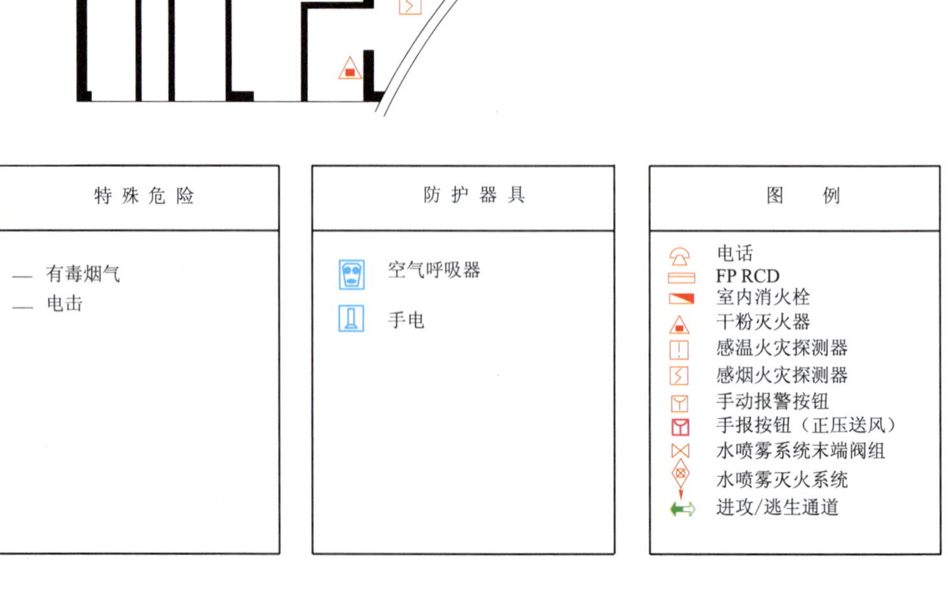

特殊危险	防护器具	图　例
— 有毒烟气 — 电击	空气呼吸器 手电	电话 FP RCD 室内消火栓 干粉灭火器 感温火灾探测器 感烟火灾探测器 手动报警按钮 手报按钮（正压送风） 水喷雾系统末端阀组 水喷雾灭火系统 进攻/逃生通道

消防行动指南	执行人:二级干预队长	指南编号:FF - 11UCB04111	页:2/2

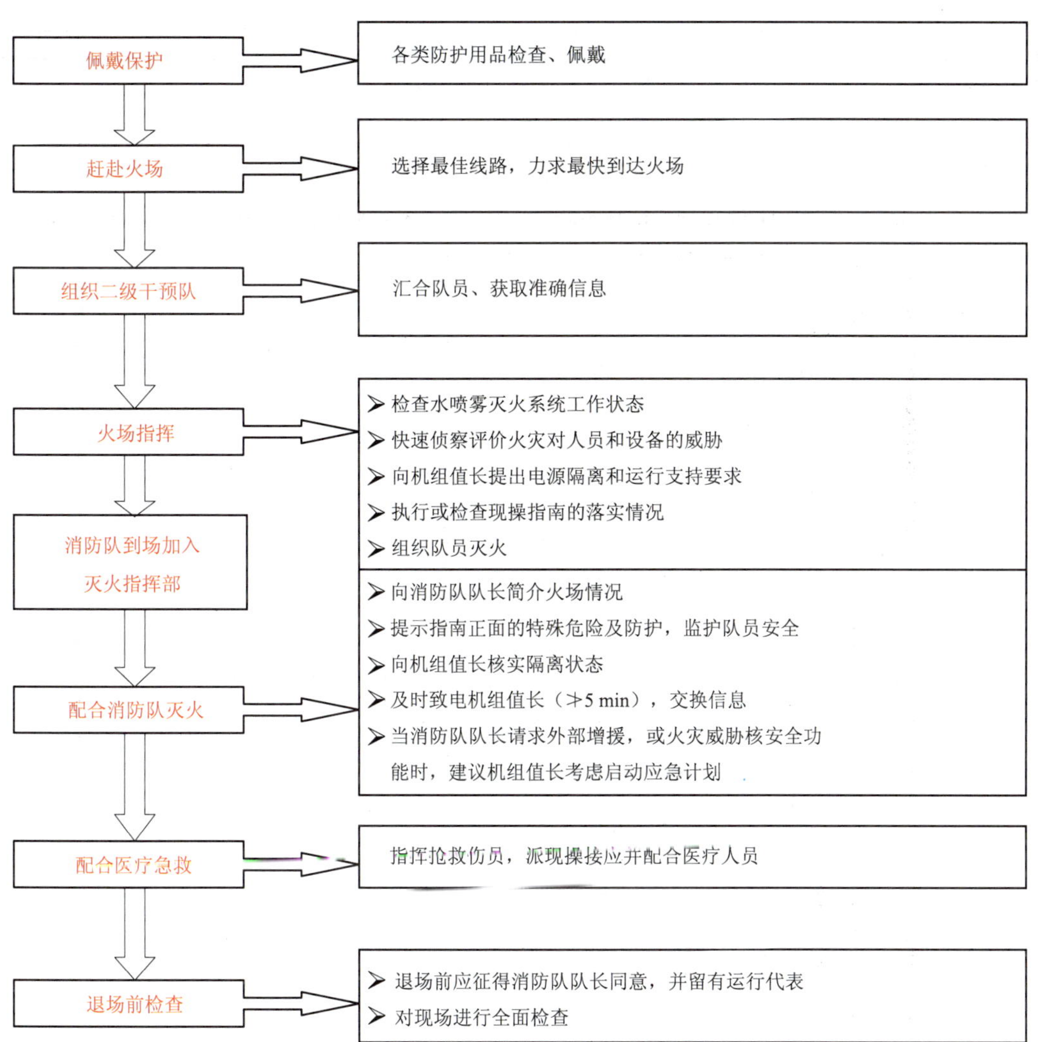

注意事项：

1. 若水喷雾灭火系统已经自动启动，注意观察灭火效果，及时通知机组值长停运或再次投运SGC系统

2. 若火势很小，水喷雾系统尚未启动，通知机组值长中止SGC启动程序，在切断起火电缆和相邻电缆的电源后灭火，如不能立即切断电源，则应使用灭火器带电扑救（>1 m）。若火势很大，立即撤离现场，关闭防火门，注意检查SGC系统工作状态

报警号： 11UCB04111	执行人：操纵员	指南编号： TNPS FF－11UCB04111	页：1/4
起火部位： 11UCB 厂房＋4.4 m　111 室　正常运行电缆间		FP RCD 编号：1CYE15GH202(11UCB04 110)	

重要提示：
1. 消防会合点：2 号(11UKC 西侧室外)，火灾可能导致主冷却泵 1JEB10AP001、1JEB40AP001 不可用

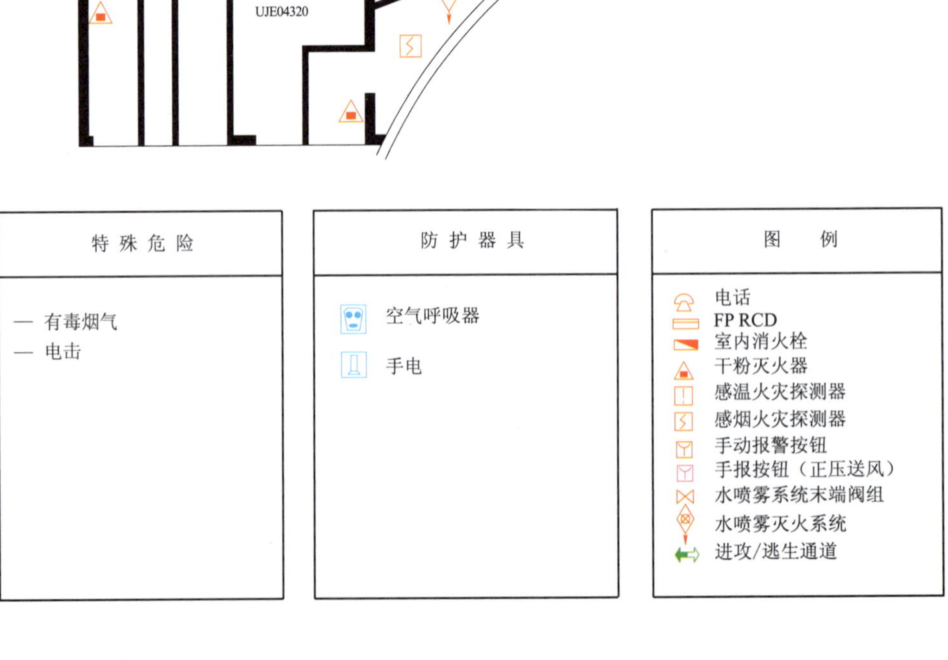

消防行动指南	执行人:操纵员	指南编号:FF-11UCB04111	页:2/4

监　盘

注意相关报警信号

- 通风系统防火阀SAC50AA711、SAC51AA711/727自动关闭，排烟阀SAC82AA711自动开启（UCB04111画面）
- SGC系统末端电动阀SGC50AA103自动开启（UCB04111画面）
- 水喷雾泵SGC01AP001/002自动启动（F6）
- 排烟风机SAC82AN001自动启动（F91）
- 正压风机SAC05AN001/002、SAC06AN001/002自动启动（F97）

运行支持

- 根据机组状态和现场的要求，有选择地执行后续各页规定的特殊运行的隔离操作
- 及时向现场通报隔离情况，保持与现场的联络
- 根据机组值长的命令

— 发出厂房疏散广播通知

— 发出应急报警信号

消防行动指南	执行人:操纵员	指南编号:FF-11UCB04111	页:3/4

火情→操作/核对		编码	操作位置	备注
1 根据现场要求,启动 SGA 主泵				
1.1 遥控启动 SGA 系统主泵				
-SGA01AP001/002	[]	SGA01AP001/002	主控室 F6	
1.2 若遥控启动失败,通知机组值长派现操至 11USG 就地启动				
-SGA01AP001/002	[]	SGA01AP001/002	11USG00115	
2 检查水喷雾系统				
2.1 若 SGC 主泵未自动启动,遥控启动该泵				
-SGC01AP001/002	[]	SGC01AP001/002	主控室 F6	
2.2 若遥控启动失败,通知机组值长派现操至 11USG 就地启动				
-SGC01AP001/002	[]	SGC01AP001/002	11USG00115	
2.3 若 SGC 系统末端电动阀未自动开启,遥控开启该阀				
-SGC50AA103	[]	SGC50AA103	主控室	UCB04111 画面
2.4 若遥控启动失败,通知机组值长派现操开启旁通阀				
-SGC50AA003	[]	SGC50AA003	11UCB04110	
3 检查通风系统				
3.1 若该房间通风系统防火阀未自动关闭,遥控关闭该阀				
-SAC50AA711	[]	SAC50AA711	主控室	UCB04111 画面
-SAC51AA711	[]	SAC51AA711	主控室	UCB04111 画面
-SAC51AA727	[]	SAC51AA727	主控室	UCB04111 画面
3.2 若遥控关闭失败,通知机组值长派现操用 RCD 箱就地关闭				
-1CYE55GH257	[]	1CYE55GH257	11UCB08210	关闭 SAC51AA727
-1CYE55GH258	[]	1CYE55GH258	11UCB08210	关闭 SAC50AA711 SAC51AA711
3.3 若排烟阀未自动打开,遥控开启该阀				
-SAC82AA711	[]	SAC82AA711	主控室	UCB04111 画面
3.4 若遥控开启失败,通知机组值长派现操用 RCD 箱开启该阀				
-1CYE55GH252	[]	1CYE55GH252	11UCB20110	
3.5 若排烟风机未自动启动,遥控启动该风机				
-SAC82AN001	[]	SAC82AN001	主控室 F91	
3.6 若遥控启动失败,通知机组值长派现操用 RCD 箱启动风机				
-1CYE55GH252	[]	1CYE55GH252	11UCB20110	

消防行动指南	执行人:操纵员	指南编号:FF-11UCB04111	页:4/4

火情→操作/核对		编码	操作位置	备注
3.7　若楼梯间正压风机未自动启动,遥控启动该风机				
-SAC05AN001/002	[ ]	SAC05AN001/002	主控室 F97	
-SAC06AN001/002	[ ]	SAC06AN001/002	主控室 F97	
3.8　若遥控启动失败,通知机组值长派现操用手动按钮或RCD箱就地启动				
-手动按钮(正压送风)	[ ]		楼梯口	启动
-1CYE55GH264	[ ]	1CYE55GH264	11UCB36110	SAC05AN001/002
-1CYE55GH265	[ ]	1CYE55GH265	11UCB36110	SAC06AN001/002

报警号： 11UCB04111	执行人：现场操作员	指南编号： TNPS FF－11UCB04111	页：1/2
起火部位： 11UCB 厂房＋4.4 m　111 室　正常运行电缆间	FP RCD 编号：1CYE15GH202(11UCB04 110)		

重要提示：

1. 消防会合点：2 号(11UKC 西侧室外)，火灾可能导致主冷却泵 1JEB10AP001、1JEB40AP001 不可用

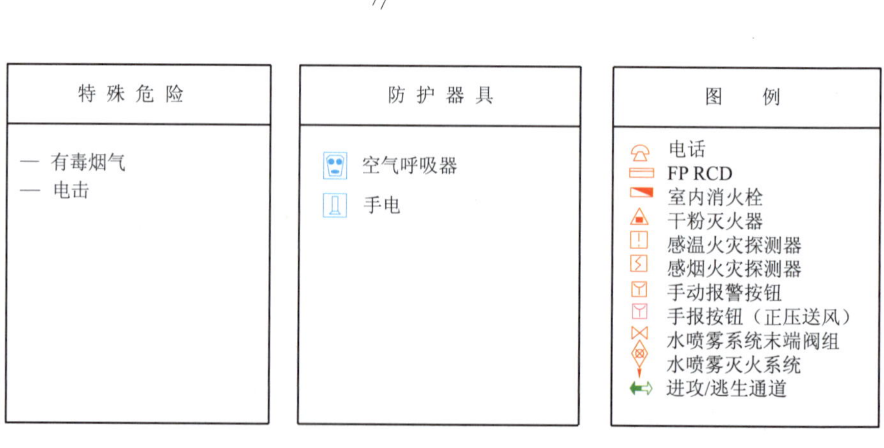

消防行动卡指南	执行人:现场操作员	指南编号:FF-11UCB04111	页:2/2

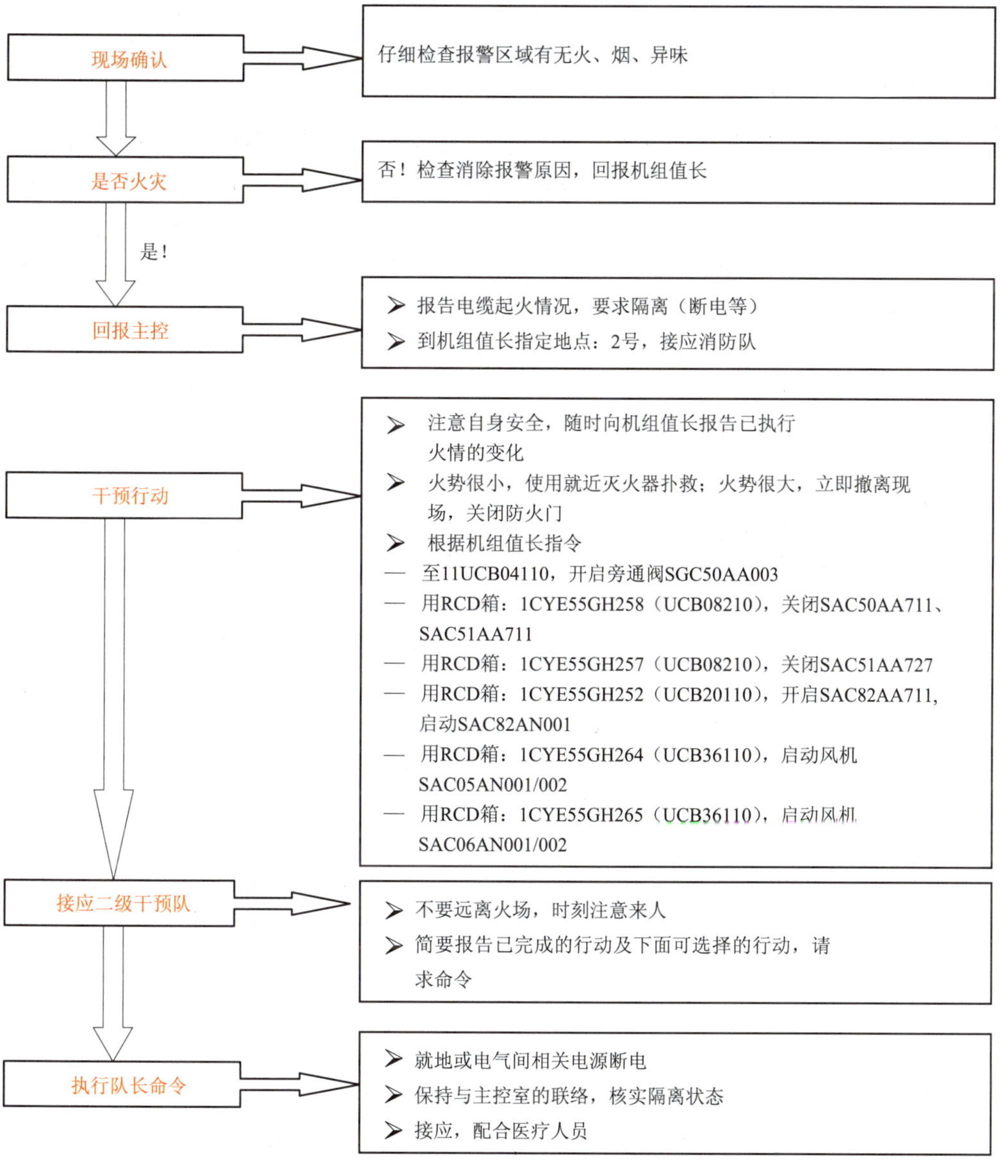

现场确认 → 仔细检查报警区域有无火、烟、异味

↓

是否火灾 → 否！检查消除报警原因，回报机组值长

↓ 是！

回报主控 →
- 报告电缆起火情况，要求隔离（断电等）
- 到机组值长指定地点：2号，接应消防队

干预行动 →
- 注意自身安全，随时向机组值长报告已执行火情的变化
- 火势很小，使用就近灭火器扑救；火势很大，立即撤离现场，关闭防火门
- 根据机组值长指令
- — 至11UCB04110，开启旁通阀SGC50AA003
- — 用RCD箱：1CYE55GH258（UCB08210），关闭SAC50AA711、SAC51AA711
- — 用RCD箱：1CYE55GH257（UCB08210），关闭SAC51AA727
- — 用RCD箱：1CYE55GH252（UCB20110），开启SAC82AA711，启动SAC82AN001
- — 用RCD箱：1CYE55GH264（UCB36110），启动风机SAC05AN001/002
- — 用RCD箱：1CYE55GH265（UCB36110），启动风机SAC06AN001/002

↓

接应二级干预队 →
- 不要远离火场，时刻注意来人
- 简要报告已完成的行动及下面可选择的行动，请求命令

↓

执行队长命令 →
- 就地或电气间相关电源断电
- 保持与主控室的联络，核实隔离状态
- 接应，配合医疗人员

附录E 特殊场所的防火准则

E.1 反应堆安全壳

反应堆安全壳中，应在冗余设备之间通过间隔距离，防火屏障和挡火墙作实体分隔。对于电缆，如不可能采用间隔或挡火墙分隔的，应使用经过耐火试验的防火包套。反应堆冷却剂泵应置于独立的隔间内。

由于安全壳区域灭火困难，火灾荷载（主要来自泵润滑油系统，密集的电缆以及活性炭过滤器）应维持在最低程度。

应对润滑系统（如反应堆冷却剂泵）所用润滑油的数量加以限制，装有大量油的设备（如贮油罐）应放置在耐火极限至少为180 min的独立防火区内。泄漏油的收集系统应能够收集安全壳内全部可能的漏油点，应将泄漏的油排放到一个可通气的密封容器内，以保持润滑油系统的总存量。泄漏油收集系统应按抗震要求设计。

电缆应是阻燃型的，并尽可能避免集中布置。

安全壳内应布置与辐射环境相容的感烟探测器（必要时用感温探测器作为补充），特别是安装有油系统的地区和电缆密集的具有高火险的地区。

容纳有大量润滑油的设备和电缆密集的区域应安装自动固定式灭火系统。

安全壳内应设置立管及水龙带接口点，在安全壳隔离准则不允许消防供水管道贯穿时，安全壳内应有可靠的，足够的消防水源。

反应堆事故期间，安全壳内可能形成氢的聚集，因此安全壳内应有可用的氢控制系统（如氢燃烧器和/或氢复合器）降低氢浓度。

在检修和换料期间，要打开防火屏障中的门洞，引入临时性火灾荷载，动火作业，这些都会增加安全壳内的危险。为了控制这些的危险，应提供详细的包括临时防火程序在内的程序。

E.2 汽轮机厂房

汽轮机厂房内装有整套核电厂动力转换设施。由于该厂房内较难划分为若干防火区间，因此在这里核安全和工业安全两者都是很重要的。

E.2.1 油管和无孔保温材料的防火

(1) 油管的防火

油管的设计中应使用以下两种方法降低油泄漏的概率：

1) 使用焊接的油管，尽可能避免在管道上使用螺纹连接，禁止使用铸铁阀门；

2) 采用同心管道，将承压的供油管布置在泄油管内。

应对火灾紧急状态的下列事项给予考虑，以减少汽轮机-发电机火灾期间油的释放量：

1) 缩短汽轮机-发电机的惰转时间；

2) 现实可行时，应泄放主冷凝器的真空，向汽轮机施加一个背压，以提供一个制动动作来减缓汽轮机-发电机的运转速度，从而减少轴驱动泵的输油量；

3）关闭备用润滑油泵。

（2）无孔保温材料的防火

汽轮发电机下方所有热表面应使用无孔保温材料保护。使用这些无孔保温材料应做到：

1）油管道法兰，阀门的周围及蒸汽管道表面等这些热体的保温应齐全，保温外层应包覆金属保护层；

2）检修时如发现保温材料内有漏油，应消除漏油点，并及时更换保温材料。

E.2.2 汽轮机轴承及其供油管的防火

可采取下述方法减少汽轮机发生的或由汽轮机引发的三维弧火或级联式火灾，喷射式火灾和漂浮，移动池式火灾：

（1）保证供油管道在各种运行工况下可自由膨胀；

（2）保持油管路清洁，并经常进行检查，严禁踩踏或其他人为因素造成管路受力使供油管路损坏；

（3）供油管道法兰，阀门及可能漏油部位附近禁止明火作业，如发生漏油而不能与系统隔离处理的应立即停机处理；

（4）应设置设计水流强度符合防火设计规范规定的喷雾系统扑灭汽轮机轴承和供油管周围的三维喷射油火灾；

（5）设计中要确保即使在极端的运行工况下，润滑油也能流到轴承。

应在以下按优先顺序列举的两种方法中选择一种保护汽轮机轴承及相连的油管：

1）应采用一个设计适当的全自动（喷水）灭火系统保护汽轮机组四周供油有可能释放或有可能聚集的所有区域；

2）受两路远距离信号驱动的人工（喷水）灭火系统，其中一路驱动信号来自主控制室。应制定操作和培训程序，以将火灾报警及灭火系统动作间的延迟减至最短。

（6）所设计的电气线路驱动的防火系统在任何类型的火灾期间都应是可靠的。启动灭火系统所需电路应布置在受影响区域的外面。

E.2.3 轴封式发电机励磁机的防火

应采用下述方法之一对轴封式发电机励磁机进行保护：

（1）一个设计适当的（喷水）灭火系统。优选自动灭火系统。如果能在距离火灾的安全距离内启动人工灭火系统，则可以使用人工灭火系统；

（2）一个设计适当的二氧化碳自动灭火系统。它可在汽轮机惰转期间，使汽轮机外壳内保持30％的浓度；

（3）一个设计适当的二氧化碳人工灭火系统。它可用于多次喷放，且可在距离火灾的安全距离内启动。

E.2.4 汽轮发电机下部的防火

汽轮机组运转层的下方，所有易燃油料有可能蔓延或聚集的地方都应配备设计适当的喷水灭火系统。

可采用下列灭火手段：

（1）固定式泡沫灭火系统；

（2）泡沫-水雾系统；

（3）泡沫-水喷洒系统。

E.2.5 油贮存罐，贮存池和净化器的防火

作为首选，汽轮机润滑油贮存罐或贮存池应可从汽轮机厂房内用耐火极限为 180 min 的防火屏障包围的地方隔离。

应为所有这些供油容器配备设计适当的灭火系统。可使用的灭火系统有：

（1）喷水灭火系统；

（2）水雾系统；

（3）全淹没式二氧化碳灭火系统；

（4）泡沫-水喷洒系统。

应提供油包容系统，并按照 E.2.6 的要求安装油包容设施。

油贮存罐不能从其他地方关闭时，可采用以下方法：

（1）用一个高架喷水灭火系统保护油贮存罐所在区域的顶棚。

（2）用自动喷水系统保护贮油罐：

1）如果贮油罐位于独立的防火区内，该区域应配备设计喷洒强度符合消防设计规范规定的喷水灭火系统；

2）如果贮油罐不在独立的防火区内，对贮油罐的投影面积应配备设计喷洒强度符合消防设计规范规定的灭火洒水系统。

为防止喷水装置的作用带来的潜在损害，应急润滑油泵应是封闭式的，并对整个供油泵的电气线路进行保护，这样可使其控制部分不会受火灾紧急状态的影响。

汽轮机油贮存池和润滑油过滤器配置的铰链式通气盖板，其布置应便于在超压时打开贮存池的顶盖。

不可凝气体排气出口应通到室外。

润滑油过滤器应安放在受高架洒水系统和油包容系统保护的地区，喷洒强度符合消防设计规范规定的洒水系统适用于润滑油过滤器灭火。

E.2.6 油包容设施的防火

油包容设备应设置在油可能排放或溢出的地方。应采用可经受火灾的底面倾斜，有边缘石的地沟和管沟来限制火灾的危险。

应考虑火灾期间油和水同时排放的情况，运行灭火预案应论述由这些危险品和（或）污染物带来的问题。

E.2.7 大型泵和电机的防火

对核电厂安全有重大影响的主给水泵，凝结水泵等应设置雨淋灭火系统。存油量大于 200 L 的供油泵和电动机发电机组应用防火屏障分隔开，并置于受以下设施保护的区域：

（1）喷洒强度符合消防设计规范规定的自动洒水系统；

（2）符合 E.2.6 要求的油包容系统。

E.2.8 氢气的防火

在维修发电机前或在紧急情况下应将氢气排放掉，并按制造厂的建议用惰性气体对发

电机进行吹扫。用于氢气排放和吹扫的阀门应可接近并作清晰标记。

供氢管道的吹扫完成后打开发电机进行维修时，应先在供氢管道上置入一盲板，隔断氢气与发电机的联系。

氢的贮存和使用应注意：

1）大容量的贮存设备应置于室外；

2）给氢气管道安装过流关闭阀；

3）应提供带有明显标识的室外截止阀；

4）氢气的补给应按照要求进行手工操作；

5）氢气的使用情况应作记录。

E.2.9 氢气密封油系统的防火

氢气密封油系统应用耐火极限为 180 min 的防火屏障隔开，并用设计适当的喷水系统保护。

在不可将氢气密封油系统隔开时，可采用以下措施：

1）将氢气密封油系统置于有设计适当的洒水系统保护的区域；

2）用设计适当的专用自动喷水系统保护氢气密封油系统；

3）提供符合 E.2.6 要求的油包容系统。

如果密封油系统是一个有卸载油罐和泵的独立系统，并且不可隔断，可为密封油系统的投影面积内配备设计喷洒强度符合消防设计规范规定的喷水灭火系统。

E.2.10 液压控制系统的防火

汽轮机着火时，应关闭所有的液压控制供油泵。

如果是将汽轮机的润滑油用作液压控制油，应按照 E.2.2 的要求提供喷水保护系统。

E.2.11 烟气和热量排放系统的防火

汽轮机厂房应装备永久性的烟气和热量排放设施。

E.3 电气设备

E.3.1 总则

可能发生火灾或爆炸的地方，电气设备或系统的设置应符合具有管辖权的管理部门的要求。

现实可用时，应尽量利用不燃的绝缘材料减少发生火灾的危险。如果设备含有绝缘和(或)冷却用的液体，这类液体应具有高闪点，液体的容积应减至最小，并且该设备应安装在有适当的防火措施的户外。

E.3.2 特定设备

（1）电气开关

使用电气开关时应注意：

1）当开关设置在室内时，应使用空气断路器，低含油量断路器及填充六氟化硫或类似的不燃流体的断路器等设备来降低发生火灾的危险性；

2）大型电气开关间(地板面积 60 m^2 以上)应用具有相应耐火极限的防火屏障分隔开。

(2) 动力电缆

核电厂核岛厂房和常规岛厂房内电缆的防火宜采用线型缆式感温探测器及先进的报警系统。为防止动力电缆引起火灾,应注意:

1) 动力电缆应采用阻燃电缆,且油绝缘动力电缆仅可用于室外;

2) 金属电缆夹应绝缘且不应形成闭合电路;

3) 远程消防控制用电线电缆应采用耐火型的;

4) 防止电缆短路或过电压。

(3) 控制设备和继电器

核电厂运行期间,容纳控制设备和继电器的小室的门应始终关闭。大型继电器间(地板面积在 60 m^2 以上)和容纳有安全相关设备的房间应用耐火极限为 180 min 的防火屏障隔离。

对控制设备和继电器小室应定期测试,以证明冷却系统运行正常。

(4) 蓄电池

蓄电池应设置在独立的防火区内。蓄电池间应配备适用的强制通风系统,排气管道应位于防火区的最高处。应对蓄电池间聚集的氢进行监控,出现过渡的氢聚集(体积比大于0.5%~1%)时应可在常有人居留地区发出报警信号。

在蓄电池间安装和使用的所有电气设备都应防爆。

(5) 计算机房和通讯设施中心

计算机房和通讯设施中心的布置和使用应注意:

1) 计算机房和通讯设备应设置在独立的防火区内,该防火区应可防上层楼板漏水;

2) 计算机房不应作为标准办公间使用;

3) 其他的办公用品如纸张,墨水,作记录的介质及其他易燃物品应存放在计算机房外独立的区域;

4) 所有的记录应存放在计算机房外专用的贮藏间内;

5) 应为可能发生重大火灾的区域提供消防设备;

6) 感烟探测器应安放在计算机房顶棚上,架空的操作平台的下方(如果有的话)和小间内,尤其是在采用直接排气的小间内。通往操作平台下方的通道不应受到限制,进入该区所需工具应作清晰可辨的标识,且存放在计算机房便于取用的地方;

7) 采用下述方法可将该区域的火灾载荷减至最小:

① 对计算机房内的物品,例如计算机及其支持设备和运行中必须使用的不燃或难燃办公桌椅要加以限制;

② 只可使用自熄型的垃圾桶。

8) 关于计算机房和通讯设施中心的灭火,以下几个方面应加以注意:

① 应提供设计适当的固定式灭火系统;

② 不应使用多用途的干粉灭火剂;

③ 如果在计算机房使用洒水系统,该系统应为预动作型,且带有各自的洒水控制阀;

④ 在使用消防水灭火之前应将计算机设备的电源断开。

(6) 电动机

核电厂所有的电动机均应有过热和过流保护,应定期检查冷却系统运行是否正常。

E.3.3 防雷击系统

（1）系统设计原则

防雷击系统的设计与使用应注意：

1）所有构筑物包括厂房，高出地面的箱体，烟囱，气象塔等设施应安装有效的防雷击系统加以保护。防雷击系统的外部及内部的设计应考虑其特殊的使用环境和设施的布置；

2）防雷击系统的“外部部件”应可通过高空终端拦阻雷击并将电流引导至地面（接地端）而不损坏核电厂的任何建筑；

3）防雷击系统的“内部部件”应采用电势相等，屏蔽和电涌消除适当结合的方法，防止因雷电电荷产生的感应电流和电磁场对金属设备和电气设备的损害。

（2）防雷击系统的维修

所有的防雷击系统应定期进行检查和维修，尤其要注意在使用铜和铝作导体时可能出现电解腐蚀。系统的修改后应进行试验，确保系统持续正常地运行。

E.3.4 电气设备的维修

应定期对电气设备以下几个方面进行检查：

（1）应定期对大型电气设备的“过热部位”（例如采用红外照相法鉴别），绝缘的损坏以及其他类似的可能变为点火源的故障进行检查；

（2）应定期检查动力电缆的连接是否松动，松动连接会导致热点；

（3）所有电气，电子设备应定期保洁除尘；

（4）所有含油电气设备应定期检查是否出现油泄漏。

E.3.5 扑灭电气设备火灾

在扑灭电气设备火灾时，应注意以下几点：

（1）在使用气体或干粉灭火设备灭火前，不必断开电气设备的电源。但是，如果可断电的话最好断开电源；

（2）带电的电气设备不应使用水、水/防冻剂混合物或泡沫灭火剂型的手提式灭火器；

（3）在容纳有敏感性电子设备的区域，不推荐使用干粉灭火剂灭火；

（4）使用手持水龙带给带电的电气设备灭火时应考虑：

1）设备的电压；

2）所使用的水流型式，例如水柱式或喷雾式；

3）导电的水对设备可操作性的影响；

4）消防队员与带电电气设备间的安全距离；

5）用水灭火时，排水途径中可能遇到的带电电气设备的位置。

E.4 变压器

E.4.1 油浸变压器

（1）总则

变压器用的无机绝缘油在高温下会汽化，一旦变压器过载或出现电弧就可能引起爆炸。对于大型的室外油浸变压器，应用自动水喷雾系统保护整个变压器和同相母线区域，通过猝灭火焰和冷却着火的燃油可减少损失和火灾蔓延的可能性。

使用时应注意：

1）变压器的线圈绝缘要定期检测，保证绝缘良好，防止发生短路引发事故；

2）变压器套管应经常进行检查，避免套管损坏引爆起火；

3）变压器油应定期进行化验分析，更换和补充变压器油料时应经过滤合格后，才能加装；

4）变压器线路和各连接部位要经常进行检查，预防因铁芯涡流发热引起火灾；

5）变压器的避雷设施要安全有效，定期进行检测，防止雷击起火；

6）严禁在变压器周围动火作业，确需动火作业时，应做好安全防火措施，保证变压器的安全；

7）变压器的消防设施和器材要始终处于完好的备用状态，定期检查和试验；

8）油包容和排放设备应直接通向安全地区；

9）厂房外墙距室外油浸变压器的距离小于 15 m 时，该外墙的耐火极限至少为 90 min，且外墙还应避免有窗户，通风口等。

（2）室内油浸变压器

表 E-4-1 概述了根据变压器的额定电压范围和流体闪点可对室内油浸变压器考虑采用的防火措施。

如果变压器周围地区的火灾荷载足够小，一般情况下不再要求其他的防火措施。

表 E-4-1　室内油浸变压器的防火措施

冷却剂流体闪点	变压器额定电压/V	指导方法
燃点不低于 300 ℃	低于 35 000	应提供液体限制区
燃点不低于 300 ℃	高于 35 000	为防火区提供具有相应耐火极限的防火屏障
在空气中不闪燃或燃烧	低于 35 000	应提供液体限制区 应提供卸压口
在空气中不闪燃或燃烧	高于 35 000	为防火区提供具有相应耐火极限的防火屏障

（3）室外油浸变压器

表 E-4-2 为室外油浸变压器使用指导。

表 E-4-2　室外油浸变压器使用指导

油容量/L	离最近的构筑物或重要设备的距离/m	使用指导
<2 000	任何距离均可	• 应考虑根据 FHA 进行空间分隔、设置防火屏障、自动水雾系统及包容水和油的容器或将它们排放到安全地区
2 000～20 000	>15	• 对容量小于 2 000 L 的变压器推荐的所有准则 • 应提供油包容和水包容设施，或提供排放系统，见 9.4.3
	10～15	• 对距离大于 15 m 推荐的所有准则 • 在变压器和厂房之间，或变压器与构筑物之间应有 120 min 耐火极限的防火屏障，或所有邻近变压器的厂房墙壁应有 120 min 的耐火极限

续表

油容量/L	离最近的构筑物或重要设备的距离/m	使用指导
2 000～20 000	10～15	• 相邻的两变压器之间有 60 min 的防火屏障或 10 m 的间隔 • 所有的防火屏障高出变压器外壳和油箱至少 30 cm，距离变压器和冷却盘管至少 60 cm • 所有的防火屏障应能抵抗变压器和变压器套管爆炸的影响 • 应考虑变压器的适当通风
	3～10	• 对容量为 2 000～20 000 L 的变压器推荐的所有准则 • 为每个变压器和油包容区内母线输导管的下面提供设计适当的喷雾系统 • 设置洒水器管道和水源以降低变压器爆炸的影响 • 预计的水龙带需水量为 4 m^3/h • 火灾探测器应可立即自动启动喷雾系统
>20 000	>15	• 在变压器 30 m 范围内应提供消火栓 • 对油容量在 2 000～20 000 L，离最近的构筑物和重要设备的距离超过 15 m 的变压器推荐的所有准则
	3～15	• 对油容量在 2 000～20 000 L，离最近的构筑物和重要设备的距离在 10～15 m 之间的变压器推荐的所有准则 • 对油容量在 2 000～20 000 L，离最近的构筑物和重要设备的距离在 3～10 m 之间的变压器推荐的所有准则

使用室外油浸变压器应注意：

1）油的数量是油浸变压器火灾危害的主要因素，因此对于这类变压器的防火以油容量而不是用 kVA 额定容量作为控制因子；

2）如果变压器同相母线输送管是经一个再循环环路进行空气冷却的，则灭火预案中应包括发生火灾时中断空气循环或中断通气的程序。这样可以防止烟气、油雾和腐蚀性蒸汽进入厂房；

3）油容量大于 2 000 L 的变压器的安放位置离构筑物或其他重要设备不应小于 3 m；

4）所有变压器不论其油容量多少，其安装应符合 FHA 的要求。

E.4.2 干式变压器

干式变压器的火灾危害主要与绝缘物的类型有关，但一般情况下，干式变压器的危险性小于油浸变压器。干式变压器可以安装在室内。除非变压器的额定功率大于 112 kVA 或额定电压大于 35 000 V，否则不需要特殊的消防设备。干式变压器应安装在具有相应耐火极限的防火区内。

E.4.3 变压器油及排放限制

变压器油及其排放应作以下考虑：

(1) 应提供地坑，并用均匀、清洗过的直径为 3～4 cm 的碎石，填入地坑到足够高度，以防止地面火灾。地坑的容量应可容纳石头，变压器最大油量及预计的水泄放量；

(2) 对用于多个变压器的地坑，应以两个雨淋灭火系统同时运行 10 min 的水流量确定预计的水泄放量。可接受的替代大容量地坑的方法是能够通过油分离器将水排放掉的容纳油的地坑。

E.5 控制厂房

控制厂房的防火分隔应使用具有相应耐火极限的防火屏障，除此之外还应该注意：

(1) 主控制室应防火，防烟气；

(2) 主控制室不应使用易燃的建筑材料，应避免使用架空的楼板及吊顶；

(3) 应为主控制室配备感烟探测系统，容纳有电气和电子设备的小间应安装探测器，每个小间应有便于接近手提式灭火器的通道。所用呼吸设备应备有完成安全停堆操作的足够容量的氧气；

(4) 为了保证主控制室即使在邻近房间发生火灾时也可持续居留，主控制室应有自己独立的、能维持主控制室正压的通风系统。如果该通风系统的风管穿过其他防火区，则应为其提供 180 min 的耐火极限；

(5) 主控制室发生火灾的情况下，应有一个可使用的独立的应急控制区(ECA)，该控制区应位于与主控制室分隔开的防火区内，从主控制室到应急控制区(ECA)应设有一条安全通道；

(6) 应急控制区(ECA)内应包含所有为达到和维持热停堆所必需的仪表和控制设备，与主控制室有充分的电气隔离和防火分隔。

E.6 电缆密集区

(1) 总则

如果电缆绝缘是可燃材料，电缆的数量又足以引发一场重大火灾时，电缆的使用和布置就应受到密切关注。对密集的电缆托架的防火可采用固定式灭火设备。

(2) 使用

在核岛厂房和常规岛厂房或与安全运行相关的厂房内敷设新电缆时应对新敷设的电缆发生火灾的概率进行分析，使用时应注意：

1) 应采用无卤的阻燃电缆；

2) 电缆敷设时经过的穿墙孔洞应用不燃材料及时封堵，并将无机防火涂料直接涂敷在电缆上；

3) 应尽量减少或避免电缆中间接头的数量，对电缆接头应定期测温并按规定进行预防性试验。

(3) 消防要求

应为经 FHA 确定的区域和密集的电缆托架区域提供如下设计适当的灭火系统及防火措施：

1) 为每个电缆托架或托架摞提供喷淋灭火系统或预作用灭火系统；

2) 应用相应耐火极限的防火屏障将电缆敷设间，电缆沟以及电缆管与其他地区分隔开，电缆敷设间和较长的电缆沟至少具有可在两个地点进行人工灭火的可达性；

3) 按照 EJ/T 1082—2005 中的 5.6 要求制定排烟措施；

4) 在电缆敷设间，电缆沟和电缆管的每个入口处应有可用的消防立管接口；

5) 按照 EJ/T 1082—2005 中 5.8 的要求设置消防排水设施。

参 考 文 献

[1] 中华人民共和国消防法

[2] 中华人民共和国公安部．机关、团体、事业单位消防安全管理规定，2001 年

[3] 核动力厂设计安全规定 HAF102 (2004)

[4] 核动力厂运行安全规定 HAF103 (2004)

[5] 核动力厂运行防火安全 HAD 103/10 (2004)

[6] 核电厂防火 HAD 102/11 (1996)

[7] 火灾分类 GB/T 4968—2008

[8] 核电厂防火准则 EJ/T 1082—2005

[9] 核动力厂安全：运行 IAEA NS-R-2，2005 年（中文版）

[10] 悬挂式气体灭火装置 GA 13—2006

[11] 气体灭火系统设计规范 GB 50370—2005

[12] 火灾统计管理规定 公通字(1996)82 号

[13] Protection against Internal Fires and Explosions in the Design of Nuclear Power Plants IAEA No NS-G-1.7(2004)

[14] 消防基本术语 第一部分 GB 5907—86

[15] 消防基本术语 第二部分 GB/T 14107—93

[16] 气体灭火系统施工及验收规范 GB 50263—2007

[17] 贺禹，主编．核电站基本安全授权培训教材(上册) 北京：原子能出版社，2004 年

[18] 高等学校安全工程学科教学指导委员会组织编写．防火防爆技术．北京：中国劳动社会保障出版社，2008